TRANSLATIONS FROM DRAWING TO BUILDING AND OTHER ESSAYS

从绘图到建筑物的翻译及其他文章

TRANSLATIONS FROM DRAWING TO BUILDING AND OTHER ESSAYS

从绘图到建筑物的翻译及其他文章

［英］罗宾·埃文斯 著

刘东洋 译

中国建筑工业出版社

总序

　　"AS 当代建筑理论论坛系列读本"的出版是"AS 当代建筑理论论坛"的学术活动之一。从 2008 年策划开始，到 2010 年活动的开启至今，"AS 当代建筑理论论坛"都是由内在相关的三个部分组成：理论著作的翻译（AS Readings）、对著作中相关议题展开讨论的国际研讨会（AS Symposium），以及以研讨会为基础的《建筑研究》（AS Studies）的出版。三个部分各有侧重，无疑，理论著作的翻译、解读是整个论坛活动的支点之一。因此，"AS 读本"的定位不仅是推动理论翻译与研究的结合，而且体现了我们所看重的"建筑理论"的研究方向。

　　"AS 当代建筑理论论坛"，就整体而言，关注的核心有两个：一是作为现代知识形式的建筑学；二是作为探索、质疑和丰富这一知识构成条件的中国。就前者而言，我们的问题是：在建筑研究边界不断扩展，建筑解读与讨论越来越多地进入到跨学科质询的同时，建筑学自身的建构依然是一个问题——如何返回建筑，如何将更广泛的议题批判性地转化为建筑问题，并由此重构建筑知识，在与建筑实践相关联的同时，又对当代的境况予以回应。而这些批判性的转化、重构、关联与回应的工作，正是我们所关注的建筑理论的贡献所在。

　　这当然只是面向建筑理论的一种理解和一种工作，但却是"AS 读本"的选择标准。具体地说，我们的标准有三个：一、不管地域背景和文化语境如何，指向的是具有普遍性的建筑问题的揭示和建构，因为只有这样，我们才可以在跨文化和跨越文化中，进行共同的和有差异性的讨论，也即"中国条件"的意义；二、以建筑学内在的问题为核心，同时涉及观念或概念（词）与建筑对象（物）的关系的讨论和建构，无论是直接的，还是关于或通过中介的；三、以第二次世界大战后出版的对当代建筑知识的构成产生过重要影响的著作为主，并且在某个或某些个议题的讨论中，具有一定的开拓性，或代表性。

　　对于翻译，我们从来不认为是一个单纯的文字工作，而是一项研究。"AS 读本"的翻译与"AS 研讨会"结合的初衷之一，即是提倡一种"语境翻译"（contextural translation），和与之相应的跨语境的建筑讨论。换句话说，我们翻译的目的不只是在不同的语言中找到意义对应的词，而且要同时理解这些理论议题产生的背景、面对的问题和构建的方式，其概念的范畴和指代物之间的关系。于此，一方面，能相对准确地把握原著的思想；另一方面，为理解不同语境下的相同与差异，帮助我们更深入地反观彼此的问题。

　　整个"AS 当代建筑理论论坛"的系列活动得到了海内外诸多学者的支持，并组成了 Mark Cousins 教授、陈薇教授等领衔的学术委员会。论坛的整体运行有赖于三个机构的相互合作：来自南京的东南大学建筑学院、来自伦敦的"AA"建筑联盟学院，和来自上海的华东建筑集团股份有限公司（简称"华建集团"）。这一合作本身即蕴含着我们的组织意图，建立一个理论与实践相关联而非分离的国际交流的平台。

李华　葛明

2017 年 7 月于南京

学术架构

"AS当代建筑理论论坛系列读本"主持

李华
东南大学

葛明
东南大学

"AS当代建筑理论论坛"学术委员会

学术委员会主席

马克·卡森斯
"AA"建筑联盟学院

陈薇
东南大学

学术委员会委员

斯坦福·安德森
麻省理工学院

阿德里安·福蒂
伦敦大学学院

迈克尔·海斯
哈佛大学

戴维·莱瑟巴罗
宾夕法尼亚大学

布雷特·斯蒂尔
"AA"建筑联盟学院

安东尼·维德勒
库伯联盟

刘先觉
东南大学

王骏阳
同济大学

李士桥
弗吉尼亚大学

王建国
东南大学

韩冬青
东南大学

董卫
东南大学

张桦
华建集团

沈迪
华建集团

翻译顾问

王斯福
伦敦政治经济学院

朱剑飞
墨尔本大学

阮昕
新南威尔士大学

赖德霖
路易威尔大学

"AS当代建筑理论论坛"主办机构

东南大学

"AA"建筑联盟学院

华建集团

目录

总序

学术架构

日常性的悖论
莫森·莫斯塔法维   1

走向"无等级建筑"（1970 年）   5

归隐的权利与排斥的礼仪：
有关"墙"的定义的笔记（1971 年）   23

人物、门、通道（1978 年）   38

贫民窟与模范住宅：
英国住宅改革以及私人空间的道德性（1978 年）   66

"并不是用来包装的"：关于在英国"AA"建筑联盟学院
举办的埃森曼 Fin d'Ou T Hou S 展览的一次综述（1985 年）   85

从绘图到建筑物的翻译（1986 年）   109

展开面：
对 18 世纪绘图技法短暂生命的一次调查（1989 年）   142

密斯·凡·德·罗似是而非的对称（1990 年）   172

罗宾·埃文斯：写作
罗宾·米德尔顿   207

译后记   214

罗宾·埃文斯

日常性的悖论
莫森·莫斯塔法维（Moshen Mostafavi）

"您问我，哲学家们的特征里有哪些是他们的怪癖？我说，比如他们身上历史感的缺失，他们对生成的敌视，他们对古埃及的痴迷。他们以为，他们针对某个话题所进行的'去历史化'处理乃是对那个话题的尊重。实际上，他们已经把那个话题变成了一具木乃伊。"

———弗里德里希·尼采（Friedrich Nietzsche），《偶像的黄昏》

"某事看着很蹊跷（uncanny）——故事往往始于这种感觉。但人们必须在近在咫尺的'某事'身上同时寻找很是遥远的'东西'。里面藏着人们要找的'某人'……总之，里面一定藏着跟故事有关的某种东西。"

———恩斯特·布洛赫（Ernst Bloch），
《有关侦探小说的一种哲学观点》

罗宾·埃文斯（Robin Evans）的写作很少会墨守成规。每当他确定要研究某个话题时，他就会发掘其中内在的矛盾性。他会指出别人看不到的空白——诸如从绘图到建筑之间的空白、设计与居住之间的空白、投影与想象之间的空白——他也会在别人以为根本就没有秩序存在的地方发现秩序。罗宾·埃文斯喜欢这样的调皮。

于是，《人物、门、通道》（Figures，Doors，Passages）一文开篇就宣称"日常事物里包涵着最深的秘密"。这一洞见才是罗宾·埃文斯思想的核心。埃文斯对有关事物的最为明显，尤其是那些看上去像是透明的观点，持有怀疑的态度。这样，他才开始了在表面之下的搜寻探索。那些"秘密"也就在他的文字里慢慢地、一步步地敞开。

在《人物、门、通道》一文中，埃文斯的出发点是当代居住建筑所宣称的"理性"。他由此探究了那些陈述出来的住宅设计意向（诸如为使用者提供遮蔽性、私密性、舒适性和独立性）与住宅对其居住者的真实影响之间的不符。通过这样一种二度发掘，埃文斯质疑了居住建筑设计所依据的普适性和无时间性，否认了居住建筑日常性的中立。在埃文斯看来，日常之中立恰是一种虚幻，"……也是一种有着诸多后果的虚幻，因为它隐藏了家居空间常规格局施加给我们生活的那种权力，同时，也掩盖了这类空间组织也有起源和目的的事实。"

埃文斯指出，在居住空间的设计上企图实现事先提出的一套标准或要求的做法是个相对晚近的现象——更为重要的是，这些标准的意义也并不是不变的。例如，像"舒适"这样的概念，它的具体意义有赖于文化性、时间性和技术性的条件，并且由于地点的不同而有着巨大的差别。对于这样一些总在变化的变量，建筑做出反应的秘密轨迹就在它的平面上。但是平面图上通常没有明确显示出来的，正是即将住进来的人把平面当成"诸般关系的场地"（a site of relations）去使用的方式。面对这一难题，埃文斯通过将出自某一特定时期和地点的住宅平面和人物绘画并置在一起，以便阐述他所说的"在日常行为和建筑组织之间的耦合"。

一个微不足道的细节——就是通向某个房间的门的数量——构成了埃文斯研究的焦点，变成了他重写居住建筑的社会与文化史的基础。埃文斯问道："为何17世纪的意大利人只把那些串联着其他房间，有着好多门的房间视为'方便的房间'呢？而19世纪的英国人则认为房间跟外部联系只有一道尽端门的做法才叫便利呢？"对于这一问题的展开涉及了具有文化色彩的交往问题、走廊史、拉斐尔（Raphael）的绘画、身体与建筑以及克莱恩（Alexander Klein）的"无阻碍起居的功能化住房"研究。不过其中最为犀利的，还是作者的观察力。

埃文斯的写作颇像侦探小说。他总是在寻找线索，关注那些潜藏的事物，戳穿伪证。布洛赫告诉我们，在18世纪之前，那种依靠证据进行庭审的概念并不存在。目击证人与自我坦白是支撑犯罪成立的唯一手段——如果目击见证者不够多，自白也多是依靠刑讯逼供来获得的。随着依靠证据进行庭审的做法的出现，也相应地促进了以收集证据为生的刑侦职业。但是，就像布洛赫所指出的那样，人们必须记得证据也会误导人，特别是当证据"看上去完美到天衣无缝地契合在一起的时候"。[1]

埃文斯并不是那种只坐在书斋摇椅上的侦探，他常会到现场去搜集证据。在他那篇关于巴塞罗那德国馆（the Barcelona Pavilion）的文章中，埃文斯讲述了摄影与写作在确立那栋建筑历史地位过程中所发挥的重要作用。于是，他踏访了重建的巴塞罗那德国馆，结果，有了一些重要的发现。

同样，当投影和想象活动变成了他工作的基地时，他那种理论思辨力让他注定会勾画自己的复杂草图，通过重演，进入到研究之中，以便验证他的假说。他的那些参考文献，虽然重要，也都在扮演着对现场观察与现场行为的补充角色。文献补充着立论，证实着观点，而不在于诱导思想。

埃文斯说："我试图避免将建筑当成绘画或是写作。我试图寻找一种不同的联系。我在平面上试图搜寻出那些为人们占用空间的方式构成着某种先决条件的特性。这基于一种假设，就是建筑可以容纳图画上所展示的场景，可以容纳词语在人际关系场域里所描绘出来的东西。"埃文斯关注的是建筑和通过"人对建筑的使用"所产生的各种空间状态之间的交互性。他对正规观点的不信任导致他走向了一条更为迂回的道路。在这条路上，日常生活的变化性成了受欢迎的东西。建筑的活动与事件受到了物质世界不确定性的影响，并面向物质世界的不确定性敞开。但同时，建筑也陷入、卷入这一世界里新型社会关系的形成过程。

在这方面，罗宾·埃文斯和米歇尔·福柯（Michel Foucault）的工作之间存在着明显的联系，特别是在二人各自关于监狱史的研究中。对于埃文斯和福柯而言，监禁类建筑不仅发明了犯罪性，还生产了犯罪性。这样，边沁（Bentham）的椭圆全景监狱（panopticon）不可能是一种中性的容器。通过此类监狱的操作运行，这样的监狱还改变着住在里面的个人。

在《贫民窟与模范住宅》这篇文章里，作为他有关居住建筑史这么一个更为庞大且没有完成的项目的一部分，埃文斯继续着他早前关于建筑规训（disciplinary）本质的调查。他用现代住宅产业在19世纪的兴起过程去展示他在道德提升与物质环境改善之间试图建立起来的那种联系。埃文斯向我们显示了今天的"体面家居"（decent home）是怎样跟维多利亚时代的贫民窟以及贫民窟里的"不检点行为"发生关联的。对那个时代把罪恶也视为是一种物质实体性疾病的改革者们来说，不道德性与不健康状态的双重邪恶，就会在建筑身上产生埃文斯所言的"在一处不断恶化的地景中道德的沦陷"（moral termini in a still degenerate landscape）。全景监狱的劳改特征就这样延伸到了公共领域，并提供了一种新的道德结构。

埃文斯对于日常生活空间性的关注也跟其他法国作家特别是列斐伏尔（Henri Lefebvre）与米歇尔·德·塞尔托（Michel de Certeau）的兴趣之间共享着某些相似性。列斐伏尔与德·塞尔托都曾针对日常生活的激进性做了大量的工作。列斐伏尔对"日复一日"（quotidian）概念的重新思考追溯了我们自己社会体验的效应，同时也质疑着这种"自然而然状态"。德·塞尔托则是通过"那些引导空间、嵌置空间、时间化空间，把空间当成是冲突性用途（conflictual programs）或契约性比邻关系（contractual proximities）这样多义统一体的操作所产生的效果"的方式，来讲空间的。同样，埃文斯希望我们注意的也是建筑的多义现实性。

埃文斯晚期写作活动的一个侧面就是对绘图角色的研究。他的那篇《从绘图到建筑物的翻译》一文展示了在绘图研究上把绘图当成一种思考和想象手段的转移。这里，可能吸引着埃文斯的正是在建筑师对于绘图的使用与艺术家对于绘图的使用之间的差别。他注意到，艺术家们在纸上（或者其他材料上）

的创作会成为最终的作品——图画或是雕塑本身，而建筑师的绘图是面向建造行为的一种翻译工具。如他所言，"绘图在建筑形式的发展中那种硬性介入的角色"变成了他研究的焦点，并造就了《投影之范》（Projective Cast）一书的问世。

罗宾·埃文斯的写作很大程度上有赖于他作为一位建筑师所受到的训练。反过来，这些文字也展示着某种程度的工具性。作为一位历史学家，埃文斯指向了另类的立场，并基于我们之前他人的劳动，描绘出实践建筑的新方式。他绝不是在将建筑实践"去历史化"（dehistoricize），而是在把建筑实践真实化，把它们带入到当下。因此，这本文集里的这些文章所展示和讨论的正是建筑实践那充满矛盾的真实化过程，它们打开了用另类方式构建日常现实性的可能。而这样一种现实性，这样一种建筑，它的身上就带有其自身所处的时间场合的痕迹，无论这些痕迹会有多么不易被察觉。

注释

1. 布洛赫，《有关侦探小说的一种哲学观点》，见《艺术与文学的乌托邦功能》（The Utopian Function of Art and Literature）第247页，（剑桥，马萨诸塞州，1988年）。

INTERFERENCE

图1　一种综合干预的实例

走向"无等级建筑"*（1970 年）

　　*"无等级建筑"（Anarchitecture）的词源解释：an"非"（希腊词根），archi"匠师"（希腊词汇），tegere"建造"（希腊词汇），an'architecture"非建筑"或者anarchi'tecture"没有控制的构造术"。

　　"我们所做的事情很大程度上是个关于如何改变思考风格的问题。"

　　　　　　　　——路德维希·维特根斯坦（Ludwig Wittgenstein）

　　我们有必要澄清一下在"建筑"与人类自由之间的关系。在微观和宏观的尺度上，新奇设备的设计、浮现或者出现都会带出围绕着"事物"的社会政治方面的某些问题。过去，这些问题似乎并不重要，现在，这些问题却引起了广泛的讨论。然而诸如铁路网、电话网、家用电网这些事物的存在所带来的后果很是复杂，很难分析。特别是当我们就想从正面直接破解它们时，这些东西反而显得难以攻克——仿佛在用一种可爱的口吻说，诸如"功能"、"需要"、"流动模式"这些词汇都不管用；"限制"、"自由"或是"选择"同样也不合适。靠只在概念上变戏法是解决不了这里的问题的。

在此，最好先说明一下本文"不是关于什么的"。本文不是关于建筑中有关自由的形式象征性的——当然，大多数理论家和历史学家在试图解剖这一话题时，他们谈得最多的还就是"有关自由的喻像"：

"在现代建筑中，第二次革命意味着个人自由，这种个人自由体现在空间自由以及建筑本身从土地或传统结构中解放出来的自由身上。人们从正规条件下的解放，与建筑从正规建筑条件下的解放……是并行发生的。"[1]

这样的陈述无疑是真实的，然而对我而言，在讨论"事物"对人的行动的直接作用时，不管这种作用是好还是坏，是解放性的还是约束性的，这样的陈述都不那么重要。

意志力的抵抗与惰性

通过物质实体系统的控制行为。对于世界状态的改变＝干预。初始悖论。

设计师就是要致力于提供最大限度的"选择"或是最大限度的"自由"，这一理念似乎已经激发出我们前所未有的形而上学思辨高度。这一理念变得如此深入人心，我们几乎无法淡然处之或者置之不理。这是因为这一理念所表达的不仅是一种描述世界现有状态的方式，还是一种可以改变世界的方式。[2]

人造物系统的社会史：
针对可能人类行为的物质实体系统

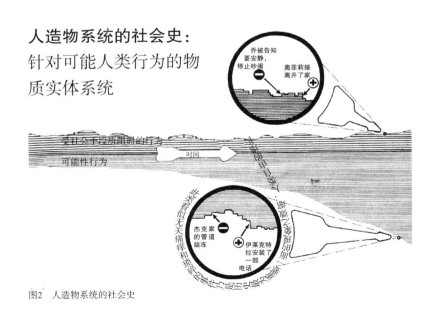

图2　人造物系统的社会史

任何一种类似的陈述都会招来人们这样的回答："是，说得不错。可我们又怎能去控制那些改变世界的模式呢？"这是一种比较合乎情理的反应（虽然可能显得过于简单，因为每个人的行动都在这样或那样地影响着世界形态的变化——如果说人类的行动存在着某种目的性的话）。问题在于，在那些影响着人类的组织系统中，任何变化——亦即，社会风俗或社会所依赖的物质实体中的变化——都可以被解读为"非故意性干预"。[3]但是即使在非故意性干预里，也存在着重要的类型区别。

正向干预与负向干预

所谓正向干预（positive interference）就是在周围环境中的任何改变只会允许某些可能行动的拓展，而不会对之产生任何约束（见图3A）。

负向干预（negative interference）是正向干预的反面。它意味着环境里的改变对可能行动会产生限制，同时又不会产生之前就不太可能发生的多余行动或是替代性行动（见图3B）。

综合性干预（synthetic interference）。几乎所有的干预实际上都是对正向和负向的干预和整合。它们既包括了对于现存可能性行动的限制，也带来了具有不同性格的新的可能性行动。这一点，在我们环境中的那些跟规划和建筑有关的大尺度变化上体现得特别明显。

正向干预可以生动地体现在诸如电话网络这样的大尺度系统上。在任何的物质实体意义上，电话都不会阻止人们仍然从事那些在电话没有到来之前他们所能从事的任何活动。一部电话的出现并没有改变生命的身体行为方向。事情就是这样。如果您想使用电话，那电话就在那里等您去使用。这就是一种正向的干预——促成某些新生的行动（比如各类的即时交流），却没有阻碍到其他行动的发生。而与此相反，监狱围墙存在的唯一目的就是要阻挠某些行动。监狱的墙本身并不是想提供任何正向的干预——不是想要提供对于可能行动的拓展。它们的作用在于在某个时间段里把某些人的行动范围压缩到一个限度里面去。它们是纯粹的负向干预。

或许，有关综合性系统的最为简单的例子就是普通道路：如果一条大路铺到了某人的住房面前，那就可能意味着他可以把上下班的时间压缩一半。通过这种方式，这条道路给他带来从某种束缚中解放出来所获得的更多自由时间，因此这条路是一种正向干预。但是也很有可能，这条路的出现，因其路上的车流，也意味着他的太太不得不每天都护送孩子们上下学，那这条路就成了一种负向干预。马路就像尼罗河，它们既可以使长距离的团聚成为可能，也容易在微观层面上形成分流。

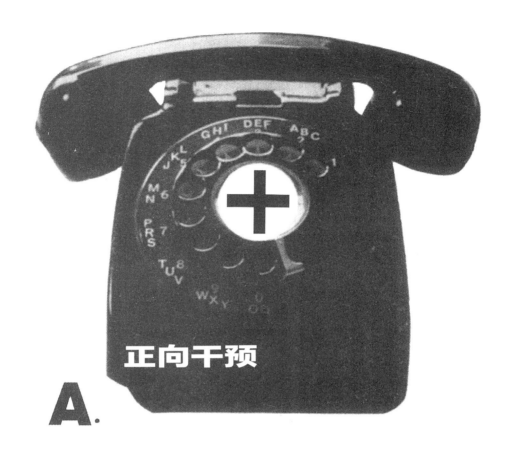

正向干预

A.

图3　A与B，正向干预与负向干预。两种被引进的物体，他们的出现改变了世界的状态，但是以本质上很是不同的方式。5至6页展示的是综合性干预的实例

B.

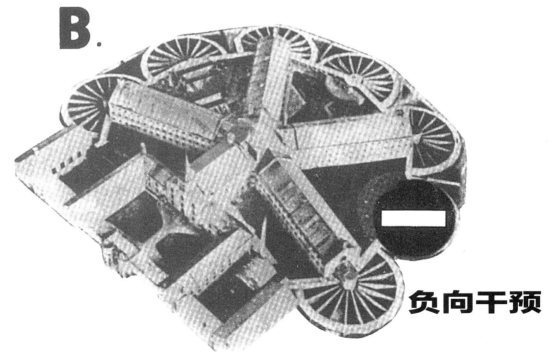

负向干预

自由与控制的准则

前面说的都不错，可是当我们谈到正向和负向的干预时，我们总得说说我们干预的东西都是些什么吧。要想不作泛泛的观察，我们的回答总要具有某种程度的量化可能。干预不能够被当成对于愿望、梦想、用意、欲望的阻拦或是满足。要赋予干预某种实在的内容，就有必要把干预同行动联系起来。[4]

但是刚说了这话，我们就遇到了难题。首先，我们很容易就会想到，不是所有的行动都有着相同的价值或者重要度的。某种行动，比如写作，就涉及意向的非行动性价值的全部领域。写作可能具有最为重要的价值，或者什么价值都没有。另外一些行动，比如把自家的前门涂成鲜红色，或许没有当下的意义，但可以被视为拥有某种重要性。还有一些行动，相对于所有的意向和目的而言，都是纯粹偶发性的。

无论我们怎么讨论行动，我们都不可能把自己从行动牵涉者对行动的界定、目的或起码在他们看来行动重要度的大脑判断——因此也是非量化的判断中解脱出来。我们很快就会发现自己滑进了那令人沮丧的形而上学的流沙泥沼。要点就是，面向某个目标的人类行动是不可能被真正严肃地当成一种设计原则的。不过这种人类行动还是有用的，因为它承载着潜藏在日常存在下面的意向和目的性。行动与意向因此不可分割地连接着。

在行动周围，除了各式各样不同导向的意向与目标之外还存在着一个事实，就是新条件总会带来新意向和新目标。引入了某种新的物质实体系统（比如，引入了一套家用计算机终端系统）或者引入了某种社会系统［比如《汉谟拉比法典》（the Code of Hammurabi）］，很容易就生成了某些没有事先预见到的人类行动。对这种伴随某种人造物以及支撑系统出现的新型人类活动，我们可以给出无数个例子来。5000年前，那时出现的新型人类活动应该就是跟新石器时代或城市革命有关的活动了，比如，购买、制作、销售，还有诸多我们今天不能直接看到的复杂分工。在19世纪，新型人类活动就是发电报、邮寄、打开接着供水公司主管道的自来水龙头，以及诸多跟动词有关的新词组（其中有些词汇彼此关联）。

这就意味着随着时间的推移，在人类"可能性活动"的完整集合中，也还总是可以不断添加新内容的。这就表明，人类活动的自由从来都不是某种一成不变的条件，而总是一种不断新生的可能性。稍后我会更清晰地解释一下"新生可能性"这么一个有些令人费解的提法。如前所述，一种新型物质实体系统的引入，带来了新的行动类型：这些新的行动类型可以非常一般化，也可以非常具有特殊性——要看系统的大小和广度。想一想机动车的出现以及由此带来的乘车或驾车新行动。人类对机动车带来的新活动性的利用并不只是发明了一项新功能或是在《牛津英语字典》里添加了个新词；而是在生活里，对多少人而言，这一新功能变成了真实的可能性。反过来，这种可能性又依赖于或早或晚是否会有大批量生产机动车的方式以及是否会有道路的支撑结构。随着研究与开发以及传统的发明环境不断地制造着这些体系，有越来越多的人类行动会随后发生，自由的边界就会变得越来越宽阔。每一种新活动都将不可避免地被纳入"自由地从事某事"的概念范畴中。

省时与耗时

对物质实体系统的可能性行动进行管理的两个侧面。

物质实体（比如物体、人造物、装置的系统）通过两种方式为"可能性行动"提供着条件，或者说，为之创造着正向干预（见图4）。其一，系统可以压缩某些行动和动能的耗时长度。这样就能腾出闲暇去迎接新生或者人们喜欢的那些活动。主要旨在压缩耗时的设施有很多实例，诸如道路、铁路系统、洗衣机、吸尘器、邮购、超市、大多数的机械工具，还有打字机。

如果这个世界上到处都只有省时的设备，我们都将因无聊彻底感到乏味。但是世上还存在着一些耗时的物质实体（事或人造物），它们不会取代或是压缩平凡工作，它们本身从一开始就是一些需要人类消磨时间的东西。通常，那些为了节约时间而构想出来的东西日后却成了耗时类事物里颇具原创性的耗时发明。例如，照相机的出现最初是为了取代绘画的，因为绘画中对事对人的再现太耗时。但是由于相机操作的快速以及成像的即时性也意味着人们很快就开始发掘艺术家在相机身上没法想到、没有预见到的其他用途。耗时性的系统主要包括：电视、印刷出来的书籍、手表和钟表、硬币、家用电器、第二第三代

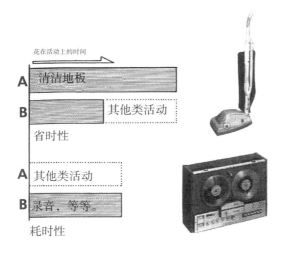

图4　省时与耗时的人造物，该图展示着这些东西在用时上的效果。A显示的是在没有引入图上物品之前（比如吸尘器）人们花在某种活动上（比如清洁地板）的时间。B显示着引入图上物品之后（比如录音机）人们花在某种活动上（比如录音）的时间

电脑、建筑物。这两种类型的系统——省时与耗时的系统——彼此互补：缺少了其中之一，另一个也就没有太大的意义。

到此为止，我们所谈的，是从系统所诱发的人类控制或者人类自由（见图6）角度如何勾画出不管是人类被直接强迫执行或是通过某些小发明得以实在使用的人类中心性系统（anthropocentric systems）的一种方法。我们可以把这一点拓展开去，在某种意义上，整体的自由可以源自具体的控制，整体的自由缺失也可以来自某些"不明智"的自由；但是这里可不是发展这样的辩证法狡辩的地方，特别是针对二者之间的基本区别而言，不会有太大不同。我们去深究行动和"事物"之间的关系将会更有成效。

"事情只有两种，要么可能，要么不可能。"

上面这句话引自约翰·罗斯金（John Ruskin）的《爱丁堡讲座》。引用这句话的目的是要显示一下那种我们大家时不时就会屈从的主流立场——如果找不到其他原因，我们只好说，这种极端的看法就是我们语言的本质所要求的。然而这种极化的两分却极其不符合任何实际情况。您仔细想想，您很难想象有那么一种场景，人们所构想出来的行动是绝对办不到的。如果真是这样，那反过来去看"可能的"事情，也多少有些荒诞，仿佛某些行动是绝对可能的，另一些行动是绝对不可能的。当我们谈论人类行动的可能性和不可能性时，我们总是陷入某种习惯说法，去表达实现目的的难易程度。换言之，好像行动的难易程度总是两极化的，而不是一种实际上的连续谱。

前面我们曾说过了，物质实体对人类行动会产生两种类型的作用：正向或是负向的。但是当我们深入进去之后就会明白，这样的描述并不充分。反而，我们需要对系统阻止或支持行动的程度做出描述。即便我们产生了想去拜访一位老相识这么一种很是具体且私密的意向，我们也需要从纯粹物质角度去考虑诸多不同的因素。与旧友接触，显然既不属于可能性也不属于不可能性的范畴，而是对行动的实现来说要么使之变得相对容易要么使之变得相对困难的条件，这要看具体条件的关系网络：他住得有多远？我有车吗？路况怎样？等等。所有这些条件相互作用才能把这一举动带向决定——不管这次造访将成行或是不成行。在任何时候，最终的决定总是二元的"是或不是"，但是，"是或不是"的二元性显然不能描述那些决定性要素。这也是为什么研究人类活动的标准方法——"目标实现"研究（见图5）——是相当扭曲的，因为它看重的只是已经成形的决断（already formulated resolve）的终端结果（end-product）。它忽视了影响着人类行动本身的各种变量的基本特征，这些变量是在物质世界里发生的，并受着物质世界的影响。

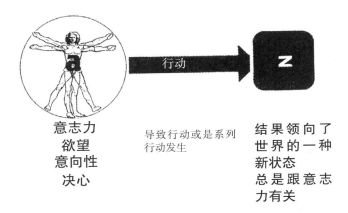

意志力
欲望
意向性
决心

导致行动或是系列
行动发生

结果领向了
世界的一种
新状态
总是跟意志
力有关

目标的实现：
研究人类活动的常规方法

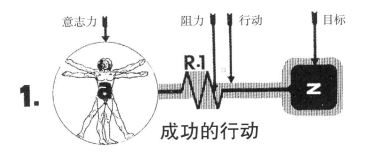

意志力 　　　阻力　行动　　　目标

R.1

1. 成功的行动

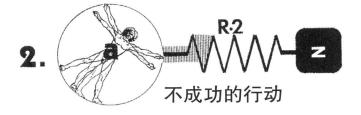

R.2

2. 不成功的行动

D　替代性目标

3. **R.3** 偏出的行动

周围世界对于
目的性行动的阻力

图5　其中的1、2、3图显
示着对世界上人类活动不
同限制效果的方式。在1
图中，周围世界（ambient
universe）中的阻力足够
小，使得导向目标Z的行
动得以发生。在2图中，
相当于目标的实现而言，
阻力R2过大，相应的意志
力又太弱。在3图中，出
现了一个替代性的目标D
去取代原初的目标

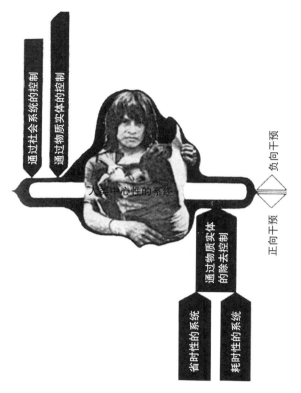

通过社会系统的控制

通过物质实体的控制

人类中心性的系统

负向干预

正向干预

通过物质实体去控制

省时性的系统

耗时性的系统

图6　总结：控制与除去控制的能动性

阻力

罗伯特·弗罗斯特（Robert Frost）说："总有某种东西，不喜欢墙。"

生活是由一些本质上琐碎的日常事件构成的，或者说，当我们把生活解读成为个体行动时，起码看上去是这样：穿衣打扮、煮咖啡、吃饭、做爱、洗碗，等等。然而，这些小事的聚合却有着重大的意义，因为正是通过对这些小事的打理和并置，我们才填满了或是挤出了我们的时间，最大限度地发掘我们自己的潜能。

为了让这一陈述能对"环境设计"有指导意义，我们有必要用符合真实场景的方式去重塑我们的行动概念，而不是把行动概念锁在那些直接来自我们大脑的词汇手提袋（handy-bag）里。我们已经尝试着把意志力和目标这些难以理解的情境，视为仅仅在满足主体愿望、实现目标的必要行动过程中才有可能被理解的东西。换言之，欲望、意向、决心的实现或者挫败有赖于我们能够使用的手段。我们因此可以看到物质世界在人类欲望实现过程中提供着各种各样的抵抗。我们可以用电路图中代表电阻的符号来表示这种抵抗，因为"周围世界的阻力"跟电阻的作用方式很相似——只不过，被阻碍的不是通过导体的电流，而是一般而言世界里具有目的性的人类行动。我们可以用一张图去表示三种关乎行动阻力的典型情境（见图7）。

事件概率

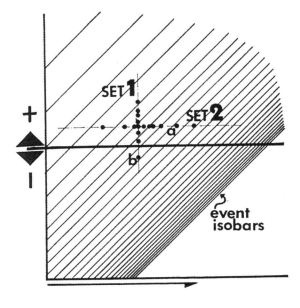

图7　对于事件概率的图示表现。图上的"事件等价线"（event isobars）画的是事件发生相同概率的轮廓线；因此，a和b这里表示的是具有相同发生概率的两种不同种类的事件。集合1：在同一行动情境中，有着同样相关的物质实体，根据不同主体（使用者）因不同的使用频率所绘出的图形。集合2：在同一行动情境中，根据同一主体（或者组群）因为位置和相关物质实体的形态变化，所产生的使用频率变化绘出的图形

（1）这种情形中，周围世界的阻力足够小，很容易被我们所讨论的意志力克服掉。

（2）这种情形中，要么意志力太弱，要么阻力太大，即将尝试行动或者已经尝试过的行动都很难克服阻力。

（3）在这种情形中，在阻力过大的情况下，用一种替代性的目标替代了原来的目标。显然，替代性的目标D不会像原来的目标Z那样招致太大的阻力，除非做出了误判。

从上述的条件解析中，我们可以得出的第一要点是，就像早前所言那样，这样的解析把"自由"带向了"事物"。在这样的解析中，不是什么抽象的政治概念决定着任何行动的意向轨迹的合理性和变通性，而是周围世界里事物的能力支持或抗拒着某些人类反应。

在我想出"环境阻力"概念的次日，有件小事发生了。它似乎就验证了"环境阻力"在日常活动中以及在跟物质组织的关系中的角色。当时我躺在床上，时间是早晨8点30分，我当时正想着要不要马上起床，因为那一天我有很多事情要做。通常，我对这类自我提醒是不太情愿接受的，我会懒在床上好久，但那天早上，我起床了。几乎就在我完成了这一史无前例的行动同时，我即刻意识到，那个早上，被褥的置放状态与往常相比有着明显不同；那个夜晚比较温暖，褥子和被子的边都没有塞到床垫子下，这就意味着我几乎无需太花力气，就可以从床的一侧下床。如果是被褥都正常塞严的话，我就真要先把自己从被子里拽出来——这样的动作并不容易，因为床的表面距离阁

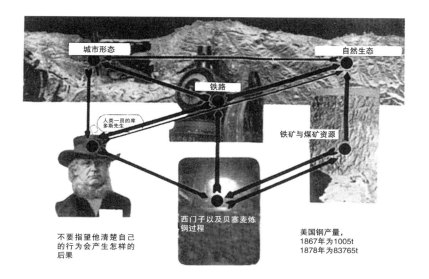

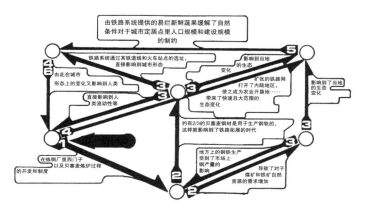

图8　用图表达出来的文化相对性。在重要失衡过程中的几个早期阶段：从1860年到1890年，美国的西门子反射炉（Siemens）与贝塞麦转炉（Bessemer）生产过程所产生的某些外在效应

楼屋顶的净高只有0.53m。我以为这是一例重要的确证。它就是在说明，相对于我那即将发生的行动的意向性行动来说，"周围世界的阻力"出现了削减。

　　或许，并不是某个社会在"允许"什么，而是那个社会所使用的东西在"允许"什么。

　　这样的阻力概念的一个特点就在于它颠覆了"需求–满足"（need-satisfaction）的说法。显然从前文中我们可以看到，仅仅提供一套可用物品的行动并不会真正满足需求的一般性集合：我们在客户的卧室里为他安装了一套计算机终端系统，如果我们管这叫作满足了他的需求的话，我们说的也只是满足了客户想要在卧室里拥有一套计算机终端系统这么一种相当特殊的需求。但是，那些建筑师、规划师还有工业开发人员常以为的他们所要满足的人类基本需求实际上都是一些空气般的虚幻。"良好的"环境并不能满足人们的需求，虽然人们的需求会得到此类环境中良好设施的应答。计算机终端的安装与其说是在满足人们的某种需求，倒不如说是削减了阻碍着人类渴望行动的一

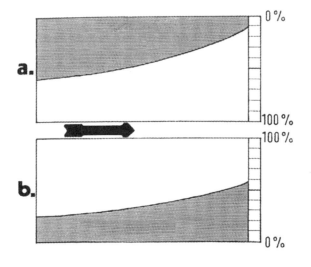

图9 在人类和人类支撑系统中的随机性和可预测性。在任何一个时间点上，人类行动的总和可以被视为是预测的或是随机的，就像基本粒子的运动可以被视为预测或随机的那样。它们的可预测性可以被解读成为"逆熵"（anti-entropy），而随机性可以被视为无组织性、熵或者无等级性

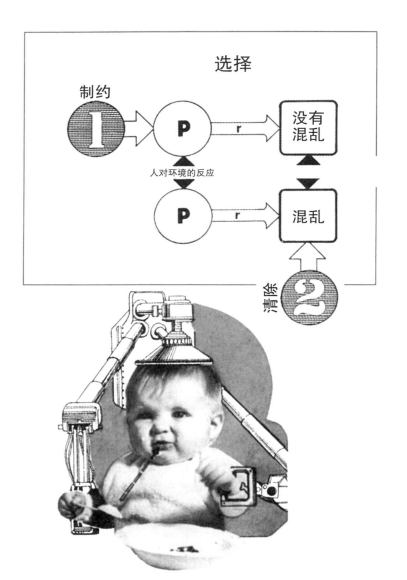

图10 将物质实体秩序化，将混乱最小化

系列"阻力"。有了对这些阻力的削减，某些人类的行动就变得更加容易发生。这当然有着某种重要性。我甚至要说，这种行动阻力的削减有着极大的重要性。

然而在很多场合下，并不仅仅是事物之间的关系在决定着某种行动的推进与否；那些不太有形的要素（less tangible factors）比如风俗、认可、意见、习惯也都会介入进来。不过这些"内部"压力无论多么有趣，却跟我们的主题不是那么特别有关。毋庸置疑，这些要素发挥作用的方式，也可以被视为与物质阻力的作用方式相似，因此我们可以构建出来一张特设的示意图（ad-hoc diagram）（见图9）。这张示意图把这些要素都包括了进来，并且描绘出人类行动所涉及的某些日常事件的位置。那些位置标志着在某些条件下某种事件类型发生的概率，而条件则可以被理解成为"内部"与"外部"的阻力。例如，如果人们能够一伸手就够到一部电话而不需要跑几百米的路去找一部电话的话，限制人们打电话的诸多外部阻力就消失了。如果我们需要帮助，所要找的人是我们私交好友而不是国家援救委员会的话，那么，得到帮助的内部阻力也就消失了。在上述两种情形中，阻力的削减都意味着事件发生概率的增加。

可见，正是与我们共存的物质实体以及系统内部，才能对我们的行动提出更多或更少的控制——才能规定着我们的意志力或大或小的范围。

更为宽泛的模式

人造物、工具、支撑系统都是人造的，因此我们有理由期待这些东西都将受到人类管辖规则的制约——但是历史地看，这些东西却并不是这样。它们身上被极端鲜明勾勒出来的常常是它们随机又偶然的属性，反倒不是它们奴隶或仆人似的属性。工业革命中就有大量的实例。其中一个例子就是"从1860年到1890年间，美国西门子反射炉与贝塞麦转炉生产过程的某些外在效应"[5]（见图8）。这种新型炼钢过程的引入带来了一系列新的过程，呈现出人类学家们所言的"文化相对性"。对于此类现象，人类学家有着很是独一无二的态度：

"在一个文化当中，任何局部的变化都会伴随着其他局部的变化发生。只有把任何变化的计划细节与文化的核心价值联系起来，我们才能为生活其他方面所要发生的变化做好准备。这就是所谓的文化相对性。"[6]

这是一种不错的有关技术与创新对社会结构所产生作用的传统智慧陈述。如果仅限于这一陈述的原来语境的话，它还算是一种足够合理的方法：这一说法针对的是那些具有一套均质"核心价值"的小部落族群而言的，他们的价值体系常会受到来自居高临下的外来者介入或干预的威胁。但是对于大尺度、明显多元化、具有多元价值观的社会来说，情形则不同。首先，文化相对性的思想是基于过度理性化的假设，就是说，社会结构很容易稳定下来——实际上，社会结构只在少数情况下才是稳定的，多数的时候不是这样。其次，可以对大规模人类组群强加核心价值观的观点，体现的是道德化官僚体系那相当畸形或改造他人（deforming/reforming）的热诚。通过这种方式得出的人类创新方案是令人难以接受的，因为这样的方案受着代理人的影响——那些代理人并没有进入生活将受到改变的那些人的生活里，他们与被改造者保持着距离。真正有效的个体与社会改造的形态学并不会以这种方式发生，而是通过渗透以及目标的重新导向的含蓄过程来完成的：

"狄安娜·窦萍（Deana Durbin）成了我第一位也是唯一的一位银幕偶像。我崇拜她，我对她的崇拜极大地影响了我的生活。我想尽可能地像她那样，如果我发现自己陷入某些烦人或恼人的情形时，我会发现自己在问，如果狄安娜是我，她会怎么办，然后，据此去修正我的反应。"[7]

这种模式或许可以被称为"有效的"行动形态学（morphology of action），因为接受者是通过她自己的意志力来指挥行动的。可以想象，建筑也可以唤起类似有效的反应。勒杜（Ledoux）、皮金（Pugin）、罗斯金所倡导的社会艺术哲学都充满了这一特点。但是，尚不具备成熟敏锐力的现代运动却同这种靠魅力影响人的建筑逻辑切割开来，并以初生的白痴劲头，将自己归附到了另外一种逻辑的身上，就是社会操控的逻辑——这样，就回到了通过代理方式改变人们行动模式以及通过物质实体指导人类发展模式的思想上去了。庆幸的是，我们作为规划者的无能意味着这样的想法只能是一种意向，而未必具有真实效应。当然，这样的思想本身并不新鲜。托马斯·莫尔（Thomas More）就曾写过：

"乌托邦的生活方式不仅为我们提供了一种文明共同体最为快乐的基础，还可能以人之常情，持续到永远。这里，不存在内部纷争的危险，而内部纷争是摧毁了如此之多原本牢不可破的城镇的原因。"[8]

人类以及人类支撑系统里的随机性和可预测性

我们是可以通过使用各类物质实体去影响社会变化的——这就是社会工程学（social engineering）的工具。的确，就在当下事物的本性上，规划师或建筑师们已经投射上了他们想要成为他人生活模式裁决者的沉重任务，不管他们觉得这项任务是对还是不对、合适还是不合适、特别值得羡慕或者不值得羡慕。[9]因为有了这样一种内嵌式（inbuilt）的决策结构，才让人们很容易去谈论"自由"以及相关的细节，却又很难在任何具体的设计场合中实施自由。不过，一个跟这一事实有关却常被人们忽视但值得进一步展开的要点：就是跟强加的秩序有关的话题，在那些惰性物质实体（inert physical systems）上强加秩序，与在那些有机系统（organic systems）上强加秩序，二者之间存在着怎样的差异。

某些著名的思想家如伯格森（Henri Bergson）、薛定鄂（Schrodinger）和维纳（Wiener），都曾指出，拥有各种程度强力的人类，都是一些"逆熵"（anti-entropy）的卫士（所谓"逆熵"，就是迈向更大秩序的倾向）。[10]他们的这一观察源自于他们用物质实体系统所做的类比，物质实体系统无一例外地总会迈向熵，亦即，迈向更大的随机性和无序性。在我看来，如果把这一类比当成直白的类比，那这个类比就是自相矛盾的，必须进行某些修正的。在生命系统中，的确存在着"一种走向更大秩序的倾向"，但是这里出现了一个根本性问题：在哪一个点上，秩序影响了这些社会或有机系统了呢？

回到制造着负向干预与提供着正向干预的物质实体的区别上去，如果我们认为所有的正向干预都是该接受的，而所有的负向干预都是不可接受的，那这样的想法就是彻底的幻觉。我们可以找到大量的实例去说明，个人行动在很大程度上很可能被解读成危险行动：亦即，它们会诱发许多人看来过于不稳定的社会结构。而绝大多数我们赖以生活的故意以及有意规定的规则都有着一种故意消极的属性。只有当人们相信"自由"和"秩序"必须肩并肩地一道存在时，这些规则才说得过去。对我而言，这样的概念已显得过分，因为根本没有必要一定要将人类行动模式结构化，以便获得整体社会系统的"逆熵"效果。不断增强的迈向秩序的倾向并不需要以这种方式影响人类。物质实体的人造物系统，跟创造了它们的生物有机体——人类——当然有着亲密的联系，人造物系统也远比人类更符合随着时间流逝系统变得越来越具有组织性的说法，也就是说，它们更适于走向"逆熵性"（anti-entropic）（见图9）。我们可以把现代电子电路学（modern electronic circuitry）的发展当成此类逆熵的实例。计算机系统之所以特别适合承担组织材料的任务，乃是它们所具有的复杂性和运算速度的一种体现。这或许可以被简单解读为"人类的某种进一步的技术性延伸"，但这也可以被解读为对社会领域里最具神圣光环的某些逆熵性人类功能（例如，自组织、规划、制作、储存、追踪）的篡夺者（usurper），以及对诸如不可预测性与偏离性这种人类熵化的最具代表性特征的解放者。

我认为，在社会系统中的秩序化倾向与社会所依赖的物质实体中的秩序化倾向之间做出区别是很有必要的，因为不然的话，我们就很难直面那种以最为明显和直接的方式去把人和社会当成逆熵行为人（agents）的思维的后果。在这个意义上，我们有足够的理由说，"第三帝国"（the Third Reich）就是人类最大的逆熵成就。

最近，在《新社会》杂志的来信回复专栏里，我们会看到一个特别值得一提的例子，就是没能区别出来我们所说的"硬件"熵与"软件"熵之间的差别的例子：

"您对当今规划控制里普遍判断的抨击让我想起了那种试验，就是让一组小孩以规定的时间间隔吃定量的饭食，同时把另一组小孩随意丢到一个到处都是各种新鲜食物的房间里，容许后面这些小孩随意打闹、游戏，想吃就吃。这一组的孩子能获取充足的营养，变得健康，并跟第一组孩子抗衡。最大的不同就是这些随意吃饭的孩子留下了一堆杂乱，大人们必须为他们打扫干净。"[11]

这封回信接着暗示，这堆杂乱足够不利，以至于我们应该选择那种有控制的饮食系统。他接着说道，他知道人们对于杂乱的判断只是"审美"问题，但是在我看来，它们不像是"审美"问题，倒像是该如何变通的问题。事实上，这倒是个关乎在a与b之间该如何选择的明显例子。这里的a指的是如何组织人，以防他们制造杂乱，b指的是如何组织物质支撑系统，以便让因为没有采取a而产生的杂乱最小化或者彻底被清除（见图10）。

上面这封回信以及诸多其他实例都是基于认识上的简单性而选择了a，但在我看来，我们应该[起码以我们作为高度进化的生产者的人类（streamlined homo faber）的能力]基于直白的人性去选择b。那么，我们对这些术语所做的曲折的再定义和再界定又有什么意义呢？最有意义的目的就是可能带来一种重心的转移，从原来那种对功能和需要的经典教义的关注转移出去。建筑功能论的实用主义基础总是倾向于简化目的性的概念，倾向于对一具原本非常复杂的事物躯体只给出一个脚踝骨。现在，肯定到了要重构整个躯体的时候了。

这种建筑神学（architectural theology）事务的重心转移倾向于获得一种超凡的辩证品质，而不是那种有关耶稣身体的二元性或是统一性的搞不清的争论。建筑的跷跷板乃是关于形式与功能、意义与目的、象征与实用、商品与愉悦之间的争论——一头压下，另一边翘起。这是一种颇能吸引人的游戏，但是我们必须在必要时避免这类争吵。为了让这一游戏变得足够简单，就牺牲它与现实之间的关联，那才是一种背叛。

最后，建筑师和规划师们在面对事物本质时，总会把本来应该就是一个个自主的事物当成集合体去对待。他们把平均过的需要和愿望当成指南，但是"黄金比"（the golden mean）只能在那些抽象的事物里才成为"黄金"；用到了集合住宅的身上，黄金比也成为平庸值。这话也同样适于描述那些有着微妙意义和存在微妙性的现象环境，以及现象环境所要满足的各种功能。这个世界既不是一件巨型艺术品，也不是一栋巨型锅炉房。用一句老话说，这个世界就是一个舞台，一个用于展示行动的舞台，展示的不是我们的行动，而是他们的行动。"无等级建筑"扶植行动。它应该有着那种能从"无"（the void）到有的不断创造的拟人属性。

注释

1. 彼得·库克（Peter Cook），《建筑：行动与平面》（Architecture: Action and Plan）（伦敦，1967年），第92页。

2. 我知道，这牵涉某种康德式（Kantian）的二元论（dualism）。这种二元论倒不像另外一种态度那么令我不安。另一种态度，虽然具有"观点上的统一性"，却很扭曲。

3. 这一态度体现在由米德（Meade）编辑的《文化模式与技术变化》（Cultural Patterns and Technical Change）一书之中（门托，1955年）。

4. 这是亚历山大（Chris Alexander）与波耶纳（B. Poyner）在《环境结构的原子》（The Atoms of Environmental Structure）中所持有的立场（MOHLG）。

5. 如果需要更多相关的信息，可查阅《人、机器与现代时间》（Men，Machine and Modern Times）（波士顿，马萨诸塞州，1965年）一书中由莫里森（Elting E. Morrison）撰写的《近乎最伟大的发明》一文。

6. 见《文化模式与技术变化》的"导言"。

7. 援引自ARK杂志，第33期，1962年秋季刊《梦想》一文。

8. 莫尔（Thomas Moore），《乌托邦》（Utopia）（哈芒斯沃斯，1965年）

9. 在这方面，关于泰晤士米德（Thamesmead）地段阶层混合的建筑政治学讨论就是一个例证。见《新社会》（New Society），1969年4月17日的"通信"。

10. 见伯格森的《创造性进化》（Creative Evolution）（1911）；薛定鄂的《何为生命？》（What is Life?）（1943年），第6

章；维纳（N. Wiener），《人类的人性化使用》（The Human Use of Human Beings），第2章。

11. 见1969年4月3日《新社会》（New Society）上来自康希尔（Jack Cornhill）有关"无规划"（Non-plan）的一封信。

图1　中国的长城。在被拉去修建长城的人当中，
也包括了那些因藏书而获刑的人

归隐的权利与排斥的礼仪：有关"墙"的定义的笔记（1971 年）

　　本文将用一种略近闲谈的方式，试图历数信息封锁战的环境史中的诸般佚事。本文将关注人类那些通过隔离和遗忘令自己不适的东西从而让世界变得适于自己生存的奇异方式。既然我们当下似乎已经掉进一个无助且隔绝的年代，可能我们就更容易明白信息并不像我们过去所想象的那样是个什么都好的东

西或是完美无缺的商品，而一旦人们沉浸在一堆不加甄别的符号、意像、讯息、理念之中时，对这种状态就既能启蒙个体与团体，[1]也很容易困惑并消解个体与团体。这样看来，信息或许在道德上是中性的，但信息绝非无影响力。

看上去，上述把信息的流动等同于精神解体和危险的观点似乎从来都没有被另外一种更为乐观的信息流动作为社会交往的观点所淹没。毕竟，总有一些人会把清除所有的不适感知作为他们的毕生工作。例如于斯曼（J.-K. Huysmans）在《逆流》（Against Nature）中塑造的那个肯定是虚构的人物德赛森特（Des Esseintes），就是以与作者同代的孟德斯鸠·费岑萨克伯爵（the Comte de Montesquiou-Fezensac）的怪癖和举止为原型的那个人物。[2]

德赛森特希望身边的东西都是那些他所喜欢或喜爱的，其他的统统丢掉。他把自己的生活导演成为一种无休止的仪式。他的房间、他的衣装、他的餐饮，都回应着、折射着、强化着他那些奇怪的感觉性，肯定着他自己的生活方式。例如，他会吃光一种特别制作的全黑大餐，旨在庆祝自己人生的病态阶段。但他发现，即便在他那已经相当隐秘的公寓里，巴黎的日常生活也会太过影响到他的意识，所以他决定要搬家，搬到丰特内（Fontenay）那种偏远又荒凉的郊区去。

"那种想要逃离这个肮脏堕落的可憎时代的愿望，那种再也不想看到总有人在巴黎室内辛苦劳作的身影或是人们在巴黎大街上挣钱谋生景象的渴望，越来越困扰着他。一旦他能够把自己同当代生活做出切割，他就杜绝了外部事物闯进他隐居生活从而带给他反感或是悔恨的可能。"[3]

通过这种方式，德赛森特远离了所有让他鄙视、让他心烦的东西。德赛森特在他的新居所里放了一堆镶满珠宝的乌龟、少有人问津的基督教早期的小册子、画家奥迪隆·雷东（Odilon Redon）与居斯塔夫·莫罗（Gustave Moreau）的象征主义绘画，这些东西为他自己的消隐制造了一种秘密的围合——里面深嵌着只有他才能明白的意义。他成功地维系着自己这样的生活方式，不过，代价就是要刻意和普通世界断绝接触。

德赛森特所选择的方式只是诸多避世方式中的一种，人们有太多的办法可以试着回避这个不可救药的混乱世界的某些方面。通过回避，人们努力远离那些无常且不请自来的感知，以便修得片刻安宁，不然，就总得活在烦扰和困扰之中。

很有可能，烦扰也给人体内部器官造成了相当大的压力。现在大家都理解了，起码有些人理解了，诸如感官性失语症这样一些疾病和失常（就是患者身上出现了某种听觉压抑，使得患者无法听到某类词汇）[4]以及其他形式的精神分裂和失忆神经病[5]都是一种在敌对和严苛环境中为保持个人平衡不至垮掉的挣扎努力。这样，即便外部世界一直保持着它的状态，我们也可以在我们的内部化解问题。但有时，去改造外部世界，对我们的环境动手术而不是对我们的核心神经系统动手术，似乎才是战胜困难的更好方式，这样才能在理念和现实之间维系某种关联。这里，重点已经从自我适应转变成为对自然的调试。所以我们那些不断涌现的对不可消解麻烦的恐惧，就促成我们以两种不同却又并非相互排斥的方式对环境施以改造，亦即，归隐与排斥。

归隐方式所肯定的是人们从这个嘈杂而混乱世界的粗暴袭扰中抽身出来的权利。归隐的场所——它的结构、布局和建筑——有赖于背景，有赖于所涉及的意识形态和意向性。我们已经提及埃桑迪斯是通过何种方式实施他与世界关系的切割的。而来自乡村且又是文盲的隐士圣西蒙（Saint Simeon Stylites）切割关系的方式则很是不同。就像诸多其他隐士一样，西蒙希望从这个满是罪孽的文明中脱离出去，以便靠近上帝的国度。为了同时实现这两个愿望，西蒙于公元430年爬到了安条克（Antioch）城东的一根大柱子上，在柱子顶上住了将近30年，直至在上面死去。西蒙被荒凉所环绕，暴露在光天化日之下，但是住得很高，起码在象征的意义上很是靠近形而上学的王国。西蒙开创了一种回避与人为邻的邪恶、毫不妥协又有些荒诞的生存方式。在叙利亚古国沙漠的荒凉中，西蒙把对肉身的折磨推向了极致。西蒙在柱子顶端的独处中完成了一系列针对自我的折磨、绝食、守夜、祈祷的苦行赎罪活动；活着本身仅仅成为一种预备操练。[6]

对于此类隐士隔绝方式的刻意推行是跟着组织化僧侣生活的出现才开始的。卡尔特教团（the Carthusians）这个11世纪晚期法国修士会的成就，按照诺尔斯（David Knowles）的说法，就是要"将沙漠生活石化或者驯化（不管您喜欢哪一种比喻）"。[7]

古代基督徒们在高柱上的独处以及在尼提亚（Nitria）和思西提斯（Scetis）沙漠里的隐士生活，因为有了某些建筑道具的帮助，可以在卡尔特修道院（the Charterhouse）里重演（见图2）。每个僧人独处在由墙围合起来的内向小院子里。院子里有用于祷告、睡觉或打坐的单元或是棚屋。角落有一厕所，连着一种原始的排污管道，这样即便在这么小的空间里，所有的身体机能都会得到满足。这里，在这么一处为隔离个人所紧凑布置的巢里，实现了矛盾的可能性。僧人们彼此隔离：尽管物理上讲他们离得很近，建筑却将人类彼此接触的可能性降到了最低。[8]

当然，我们更多地会看到人们不是要努力禁欲，而是要规避禁欲。在此类情形中，归隐的情怀无疑就发生了变化，虽然在这种情形下那种逃避的欲望以及在人和人之间竖起界和障的必要性仍然存在。

不管是隐士般的艰苦归隐，还是行宫般的豪华归隐，[9]所有的自我隔离似乎都需要归隐者回撤到某个勇敢小团体的私密性或是完全个体的自主性之中去。不管是哪种情形，总会存在着用一套关于世界的理念重塑一个与之绝对符合的世界的努力。人们将这样的归隐要么视为是一种冒险行为，要么是某种结构稳定化，不过，这样的归隐起码有一个好处，它创造了一个小天地。在这个小天地的界限内，存在着某种拓扑结构，某种因果顺序，以及带有某些特别价值的目的性。这就好像用一块幕布罩住小天地里的居民，使之处于一种到处都是乐观回忆的熟悉地景之中——处于一种可以认同的场所之中，从而维护着我们的意识形态倾向。

我们可以把这一说法从个体和小群体一直延伸到国家和种族那里去。像中国的秦始皇就于公元前221年开始了万里长城的建造，这位显赫的帝王还下令去焚书，有用的类书除外（诸如农书、医书、易书）。在这里，万里长城可以被视为是大写的信息排斥原则，就像焚书的行为所体现的那样。正如一句精辟简练的中国古谚所云："无惧南蛮，惟患北狄"（译者注：埃文斯所转引的中国古谚没有确切出处，此处译文为意译），[10] 这句话表明，万里长城既被当成了一面阻隔某个异己文化之喧嚣的盾牌，也被当成了一种谨慎的战略工具。

有位不太靠谱的爱德华时代（Edwardian）（爱德华时代指的是1901—1910年爱德华七世在位的这个时期）的历史学家曾经写道："今人多不认为长城是抗敌的屏障，反而认为那是一条旨在抵抗邪气的石头巨龙。"[11] 而现在，在一个同样遭受各种新奇认知方式威胁的时代里，我们在一个近似的背景中似乎可以理解这一离奇的观念，而不只是将之理解成为某种可笑的灵性说的例子。无论如何，万里长城在军事上从来都不很成功——尽管它在我们所言的"军事形而上学"方面算是一项奇迹，它承担了对于困惑的驱除功能：它是一个国家集体用手蒙住自己眼睛的动作。

我们或许可以从中国人的经历中看到，我们不能一定就认为凡是归隐都将不可避免地导致社会肌理的破碎化，因为即便在一种个人的层面上，这些私人世界也不真的如初看上去那般隔绝。即便在那些旨在留给后人的讯息或姿态身上，也还是显露着讯息发出者的某种互动意愿。不仅如此，这样的讯息还最起码会露出对当下的某种谴责；从谴责中，还会冒出比特殊要一般些、比梦境要具体些的某种事物的种子——就像博尔赫斯（Jorge Louis Borges）在小说《特隆、乌克巴尔、奥比斯·特蒂乌斯》（Tlon, Uqbar, Orbis Tertuis）中所描写出来的奇特情境那样，[12] 每个人都开始梦想相同的虚构世界，然后，这个虚构世界就变成了现实世界。这种"元国度"（meta-realm）的发现是偶然的，然而一旦它显露，它的要素和衣装们就不可遏制地要把自己塞进我们曾经以为的更具抵抗力的现实——这些要素在我们想不到的地方生长，且随着时间流逝大量繁衍。我们那些名曰反思、优雅、独处的小栅栏们也以同样的精神竖了起来：这些小栅栏们通常都很多义。竖起栅栏的人既希望能摆脱跟社会之间那些不加调控的交流对自己的影响，同时又希望能够关注到社会。还有，我们这种面对内心挣扎将"身体国度"（body politic）细分成为体验的无数局部和破碎领域的直接解决办法，也并不总和过去时代的方式相一致。

例如，威廉·莫里斯（William Morris）是这么对待城市生活单元化的可能性的：

"我说'存在着第三种可能性——就是说，每个人都应该相对独立于他人，这样，就要废除社会的独裁'。他盯着我看了有一两秒，然后纵声大笑起来；我承认，我也跟着笑了起来。"[13]

西方的思想传统历来都高度推崇统一性的动因。人们一直把形成有关现实世界愿景的事务看成是一种集体而不是个体事务。卢梭（Jean-Jacques Rousseau）这位自由的倡导者甚至建议公民们应该被强迫去获得自由，[14]这里，卢梭似乎想说，公民们应该被督促着去做正确的事情，而正确的事情，从定义上讲，就是表达的自由。

为了一种同心同德文明（an isotropic civilization）的利益——为了让所有成员都朝着一个目标努力——从而强迫人们去实现自由的欲望，给我们留下了诸多可考证据，它们仍然明显地呈现在诸多现存建筑的奇特形象和目的性上。例如，我相信，很多人都会注意到英格兰在19世纪建造的公共宿舍中都会在左右两翼的中轴线上砌那么一堵没有开口的实墙，或者设有其他比较适合的屏障，以便将男女之间本来模糊的关系清晰化：幼儿园就是我最初了解这一独特的将思想上的清晰化用建筑手段体现出来的地方。这里，我们有关事物本质的认识进入到我们周围环境的结构，创造出一种反映着人类常有的那种愿意自我辩解、自说自话的新奇地貌——仿佛一旦人们忽视了那堵墙的存在就铸成了一种绝对愚蠢的大错，不可避免地要撞墙并不小心擦伤自己似的。

现在，我们开始看到归隐的私人权利的反面就是集体性的排斥礼仪。这样一来，在一种跳跃的难以解读的环境中，通向有意义生存的路径之一是告别这一环境，另一条同样有效的路径则是去改变环境的形状。

第二种对过度社团化所带来的恐怖的驱赶方式就是在"身体国度"上刻下界线，区分出来"喜欢"和"不喜欢"的部位，对身体进行"肢解"，或是悄悄地封存起那些更具造反势力和可恶的部分。隔离和排斥的礼仪比起归隐的权利来说，既更为隐秘，也更为实用。人们会在"有用或无害交流形式"以及那些"有害的各类交流形式"之间做出区别，然后，会花力气清除、压制或是改造那些沉湎于有害交流形式的社会成员。作为动力，这里所需要的就是强大的正直感和目的性。就像眼睛在被一粒

砂子折磨困扰时，会用没有摩擦感的分泌物软体将砂子包起来
那样，人类也会用一堵不那么冒犯性的砖墙（inoffensive brick）
去包围那些让他们感到有威胁可能的其他同类——我们这么做
的时候，毫无悔歉，这就让我们很自然地以为这种行为本身也
有着生物学上的理由。

　　通过一种意指上的奇妙镜像逆转，和平归隐者的居所也可
以变成社会被放逐者、被谴责者、不可理喻者、不可理解者或
是令人厌恶者的居所。古堡曾被改成了监狱，寺庙和修道院曾
被改成了教养所、劳改监狱、麻风病院、精神病院。第一栋现
代教养机构性建筑就是伦敦布莱德维尔（London Bridewell）教
养院。它曾是爱德华六世（Edward VI）的私人府邸，于1555
年交给城市政府用于对流浪者、吉普赛人、乞讨者、无家可归
者的收容感化。[15]但是或许我们也不该太过强调这种逆转的内
在含义，因为还是存在着某些明显的物质实体性原因让这些建
筑被改来改去：几年前，一群古巴无政府主义者出于政治目

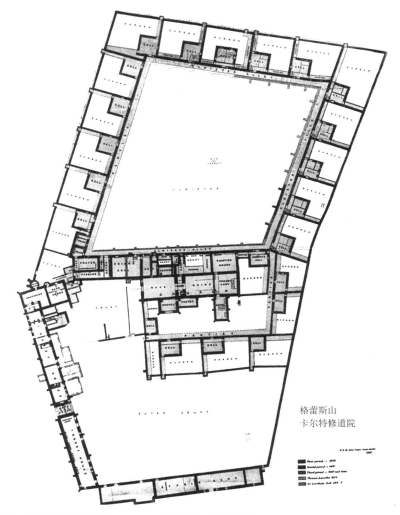

格蕾斯山
卡尔特修道院

图2　约克郡的格蕾斯山（Mount Grace）卡尔特修道院平面图

的占领了位于皮诺斯岛（Isla de Pinos）的监狱，而美国印第安人权力争取者也曾因为同样的理由占据过旧金山湾恶魔岛（Alcatraz）的堡垒教养院，明显不是为了劳动教养。实际上，占领这些地方都是些有关谁有多大势力、占了多大地盘、界线扩到哪里的问题。

当路易十四（Louis XIV）和枢机主教马扎然（Mazarin）于1656年颁布了一道律令，用专为收容或教化而建的综合医院（Hopitaux Generaux）去拘留那些赤贫、精神失常、乞讨者时，[16]当昆汀·克里斯普（Quentin Crisp，1908—1999年）这么一位性情古怪、形为夸张的同性恋名人，他最近决定不再想走出他的一室公寓一步时，他们所尝试的都是很相似的把戏。他们都是在他们自己和他们不喜欢的对象之间竖起一堵墙，好把最烦扰他们的东西挡在外面，不去听，也不去想。昆汀·克里斯普因其想要封锁知觉宇宙其他部分的自大狂冲动，最后他发现他只剩下了一个房间，他只能在那个房间里建造他自己的意义秩序之隅。但是路易十四和马扎然并没有这么宏大的目标。当他们被周围性交高潮的叫声包围时，他们也更加谦卑。他们只是要排斥宇宙的某个部分——也就是百分之二：他们只是要圈起那些所谓的不检点、不道德、冥顽不化地坚持贫穷或疯狂的不够国民身份的人。在这两种情形中，共同之处在于都制造了切割，也都在当时所谓的美学基础上设置起屏障，也都将丑陋和可耻的东西遮掩起来。的确，这里的目的很高尚。

在上述情形和类似情形中，墙体就是军令，旨在压制所有堕落感知和所有非法团体。这些墙体并不只是能量传导意义上的障碍，还是能够消灭那些不合标准、多少带着差异的他者世界，阻止意义枯萎、维系我们个人或是普遍性梦想世界的整体性与统一性概念的路障。墙体就是军事装备，能够保护我们个人的人格不受来自其他人性和自然的侵犯。

但是这一切似乎并不太符合我们所接受的有关建筑肌理目的性的观点。的确，我们或许该问，建筑围合的唯一功能是不是只为抵御恶劣天气。我们从富勒（Buckminster Fuller）关于这一话题的某些讨论中常常会得到这种印象。答案当然是"是的"——只不过天气的严酷并不完全是气象学现象，而障碍也并不总是完全负向的。当我们把外部世界靠近我们的那部分关闭之后，难道我们不是注定要对被关闭的现实给出一个不那么容易出错的替代吗？换个方式想想：我们多习惯于砌了墙，然后在墙上挂图画。如果那些图画遵循着自然现实主义原则的话，那么，图画所遮挡的恰恰是画上所表现的景物本身。同样的话也适用于描述那些对有着非欧几里得几何形状透明建筑薄膜的背投，或是在伦敦桥上所投下的郊区景观全息图版[17]——这里，重点仍是用一些我们喜欢的形象去取代那些被遮挡的形象。

或许，正因为我们对感觉拥有着难以满足的胃口和欲望，仅有排斥而不提供补偿替代物，比如挂在墙上的图画，将比主宰着外部世界的混乱更容易让我们疯狂或是分神。然而，人类还是有本事去为彻底负向的墙体的美德去寻找理由——有人就笃信应该把所有外部事物清除出去。为了阐释这一阴森学说是如何发挥作用的，法国理性主义哲学家爱尔维修（Claude Helvetius）就讲过一个例子。他认为，把一个小孩锁在空房间里，只留下一盆花，就会刺激小孩早期对花卉的兴趣。在常规条件下，小孩甚至都不会注意到事物的存在，但是在这么一个没有其他干扰能引起他注意的特别环境里，这些留下的东西就会在小孩记忆的白纸上留下一次持久的印象。这位哲学家因此总结说："惩罚，常常会决定一个年轻人的兴趣，使他成为一位专画花卉的画家。"[18]

在18和19世纪，这一认识的发展道路被领向了某种特别是跟教育、感化和救济制度有关的陌生领域。我们下面将观察一下源自这一认识的几种建筑衍生物。

19世纪30年代的一个事件标志着人们开始用有步骤的方法论去处理屏蔽的环境问题；如果您愿意，或者这也可以被称为是"信息破坏科学"的开始。当时，有人担心关在米尔班克教养院（Millbank Penitentiary）里的犯人即便是住在单间里也有可能和隔壁犯人交流。在犯人之间的这种交流就被认为具有可能瓦解隔离的作用，就像爱尔维修的那盆花那样具有着教唆诱导的作用。于是，该监狱就邀请拥有相当监狱设计经验的法国建筑师布鲁埃（Abel Blouet，1795—1853年）以及卓越的科学发明者法拉第（Michael Faraday，1791—1867年）一起去合作建造10个实验性监狱单间的隔墙，他们的设计就是要为了阻止犯人之间的相互颠覆。布鲁埃是这么限定他们的任务的："开发一种建造方式，尽可能地阻止因禁在相邻单间犯人们的所有交流"。[19]

法拉第提出了把面向空腔的墙体表面设计成不规则的表面，就像在剖面示意图II、III和IV墙体空腔里那样。法拉第的用意就是要将从空气中传入砖体的声波模式破坏掉。话音因此就丧失了它们的清晰度，就像某个标志物发出的光线穿过斑点玻璃后会发生折射和漫射一样。人们发现，这种随机干扰技法在降低讯息传播清晰度的方面很是奏效，然而，要折断那么多砖也够奢侈，成本不小。如果再在锯齿形墙体空腔中间铺上两层柔软的帆布就会达到最大限度防止讯息传播的效果（IV）。

当时，对设计效果的测试是这么进行的：在一个单间里关进去一个人，让他以不同的音频和音量向隔壁单间里的人喊话。隔壁单间里的人则隔着墙体记录下他能够接收到的信息。值得注意的是，这一程序并不是单要削减噪声的传播，而是要削减和干扰构成意义的讯息传播。实际上，人们发现，减音效果最

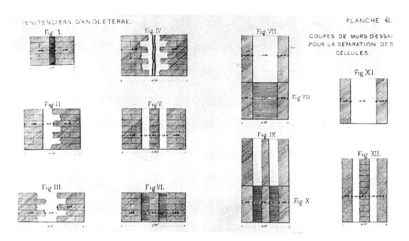

图3　由法拉第与布鲁埃合作完成的米尔班克教养院单元之间实验性隔墙设计

好的是剖面X，然而减音之后仍然可以听清墙那边的话语内容，如果隔壁人是在用高音频叫喊的话；结果，剖面X不及剖面IV的效果。在剖面IV的测试中，任何叫喊传递到墙体另一侧时都已经变成了一堆模糊的嘈杂。

　　对于"理性时代"（the Age of Reason）的几乎所有先进社会思想家们来说，从提出过针对布鲁日（Bruges）乞丐治理规划的16世纪人本主义者维瓦斯（Juan Luis Vives），[20]到1834年（出于很是不同的原因）轻率地提出过类似天主教"再生除名论"（the doctrine of regenerative excommunication）的"济贫法"（Poor Law）建议的实用主义者查德威克（Edwin Chadwick），他们都有一个共同的愿望，就是要根除所谓"可疑"或是"威胁"分子之间的所有可能交流。[21]这种犯人之间的交流被固化成为一种传染病形象。罪恶就是一种精神之间的传染性疾病，为了限制它的自我传播，需要对传染源携带者实施隔离；因为不像常见病那样，道德疾病是可以通过和同类接触得以加重的，类似于某种罪恶回响，越接触，越邪恶。因此，这些墙体的隔音功能就成了一种向善的强大动力。这些墙体隔离并麻醉着其他人灵魂深处的危险，这样看来，谁又敢说卡尔特修道院里那些带有院子的墙体围合空间就一定是以更为乐观的精神设计出来的？或者谁又敢说，现代社会里的对应物诸如马丁·波利（Martin Pawley）的"时间之宅"（Time House），就根本一定不同？

　　但是，回到启蒙时期隔离各种冒犯人性行为的类型建筑上去：如比斯特收容院（the Bicetre）所展示的那样，（见图4，当比斯特抵达其盛期时的情形），这栋建筑以其宏伟的方式捍卫着消音墙那救赎性的信条。与其说这是一个位于巴黎市郊的收容所，还不如说是一个人口稠密的独立王国，整栋建筑的周边墙体几乎有一英里长。在这样的围合区（enceinte）内，有一堆堆的院子、区间、单元，每一处都按照人的衰弱或是堕落程度划

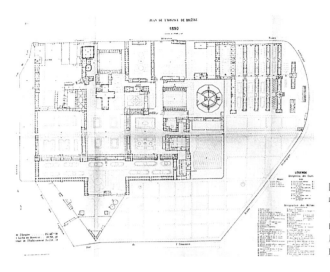

图4 巴黎比斯特
收容院平面图，引
自布鲁（Paul Bru）
的《比斯特收容院
历史》（Histoire de
Bicetre），1890年

出了等级[22]：那圈环状的单元里关着精神失常犯罪者和狂暴精神病人，中央院子里住着弃婴，弱智儿童则住在离平面中心有一个区间距离的位置上……此处人们犯傻和不幸的种类被如此仔细地计算着，以防缺陷的放大和将导致病人被暴露给另外一类畸形或是另外一类堕落者的堕落行为。对应着这种新型道德分类体系的是一种人造地形，墙体、路径、楼梯、窗子、门洞的地形增补着山峦、裂谷、河滩的地形——还有那些屏障、通道、关卡们，通过这些手段，不合规矩的情感要被压制、引导和区分。

在比斯特收容院，其目的性的单一很是明显。一层层的分类无非是要在一堆不同人身上试图强加上某种有意义的划分——这就是目的。在最早开始收容精神病人的公共机构那里，就是建于1815年到1818年间位于韦克菲尔德（Wakefield）的面向乞丐和精神病人的收容所里，院方曾尝试了一套更为复杂的策略。[23]在这个建筑的设计中，设计师认为人们感知到的不同景物具有着心智或者身体上的帮助作用（mentally or physically enabling）。建筑该有目的地显露自然景色的医治作用，让感知和景色联合起来。这样，建筑就获得了一种环境审查者和宣传者的角色，故意创造一种感觉失语症般的外化且一般化条件。

韦克菲尔德精神病院是由名叫华生（Watson）和普利奇特（Pritchett）的两位当地建筑师在塞缪尔·图克（Samuel Tuke）指导下设计出来的。而图克乃是约克郡（York）一所号称"度假村"的精神病院院长，他也是一位著名的改革先锋。图克并不将神经病病院视为是一种对世界的逃避，而是视为一种过程——一种注定要走向对精神失常进行治愈的过程。他的设计因此也逐一细化成为各级组成部分。整个建筑划分成为左右两个镜像部分，一半住着男性，一半住着女性。每一半再根据精神失常治愈的不同阶段加以细分，从"无法自控、难以医治

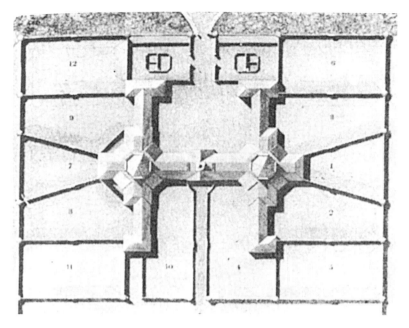

图5　华生和普利奇特于1815年为塞缪尔·图克设计的韦克菲尔德精神病院

者"区间，经由"可治愈但尚未治愈者"区间，到那些"正在恢复者"区间，最终到"康复者"一类的区间，这些人几乎可以重新进入这个正常的世界了。每一类人都有着他们自己独立的起居单元、日间活动室、锻炼用的院子和餐厅。将"疯狂的各个阶段"进行审慎的隔离，其要点并不在于某种程度的管理理性化，而是在于隔离过程中帮助病人康复。一般的医学共识是，如果轻度病人时不时就能看到心灵失衡者的躁动与不安，即更为疯狂者可以忍受的干扰，那就肯定不利于他回归理性（从定义上讲，正确的理性就是一种坚决而不受干扰的平静状态）。我们可以在每个露天院子的中央部分都会看到这一信念的积极性是怎样被实现的。那里，地表被垫高成为一个台地，站在上面可以看到四周乡野农村的风景，这样的景色被认为可以安抚失常的心灵（台地把病人的视线抬高过围墙的高度，然而台地面向隔墙的陡坡也让这个院子里的病人和隔壁院子里不同等级的病人保持着一种合适的距离）。这类机构性建筑乃是打造所谓"综合地理学"（synthetic geography）的生动实例。在这里，通过对外部世界某些侧面的遮盖和显露的精明算计过程，综合地理学旨在展开一种对人类本性近乎非自愿的改造过程[24]：就是把病人心灵的所有可能状态带向最佳状态的反射性运动。

　　在关闭体验的所有手段中，诸如拉开距离（像在纽约的世界乌托邦聚居地，流放生活中）或是处于缝隙和山峦中（就像在香格里拉、失去的世界的传说中，还有阿索斯神山），墙体明显是最容易采用的手段。然而，作为道德、美学、社会排斥手段的墙的历史（在这里，这三个范畴似乎汇聚到一点）却尚未被人书写过。无人认真地从这个角度思考过建筑，可能是这一角度最终会招致最大的愤世嫉俗，因为从这一角度望过去，人造世界就会被视为是在一个缄默的相互不理解、误解、厌恶（misanthropy）的宇宙里的一种重要的稳定性势力。

　　跟冷酷强权（Procrustean）的排斥手术相比，我们不由自主地会觉得归隐对于我们来说可能是个更容易接受、更加温和，也是在当前生存绝望再次袭来时，更为可爱的面对方式。然而，排斥与归隐在某种意义上都是失败。所以我们在过去几年之中所逐渐看到的，未必是一个新天堂的初现愿景（budding vision），倒有可能是人类失败的一种新技能的诞生。[25]对避难所（sanctuary）的渴望再度回到了我们的身边。

注释

1. 例如，见拉考夫斯基（Ruth Lakofsky）的文章《即将播种》，《建筑设计》（Architectural Design），第40卷，第6期。

2. 见于斯曼的小说《逆流》（哈芒斯沃斯，1968年），由巴尔奇克（Robert Balkick）译自法语本《A rebours》，1884年。

3. 同上，见第5章，第63页。

4. 伯格森，《质料与记忆》（Matter & Memory）（纽约，1959年），第100页。

5. 莱恩（R.D.Laing）与伊斯特森（A.Esterson），《清醒、癫狂与家庭》（Sanity，Madness & Family）（哈芒斯沃斯，1970年）就是一例。

6. 德拉海伊（Hippolyte Delahaye），《拜占庭的修道院生活》，收录在由贝恩斯（Baynes）与摩斯（Moss）编辑（牛津，1961年）的《拜占庭》（Byzanyium）一书，第140页。

7. 诺尔斯，《基督徒的修道院生活》（Christian Monasticism）（伦敦，1969年），第66页。

8. 卡玛尔迪斯门徒们（The Camaldolese）曾经过着与卡尔特教团门徒相似的生活，他们甚至会拒绝像卡尔特修道院里所坚持的围绕着内院布置的单元式格局。作为一种修道院生活（cenobitic）共同体的中心，内院在他们那里不再具有价值，因为他们强调独处，从而取代了教会成员交流的位置。

9. 最生动的例子就是法国王后玛丽·安托瓦（Marie Antoinette）在杭布叶城堡（Chateau de Rambouillet）阿卡迪亚式的挤奶女工天堂。见奥纳（Hugh Honour）的《新古典主义》（Neo-Classicism）一书（哈芒斯沃斯，1968年），第162至163页。

10. 见戴维斯（F. Hadland Davis），《中国的万里长城》，见《旧日奇观》（Wonders of the Past），由哈墨尔顿（J.A.Hammerton）编辑（伦敦，1932年），第2卷，第542页。

11. 同上，第544页。

12. 见《迷宫》（Labyrinths）（哈芒斯沃斯，1970年）。

13. 莫里斯，《来自乌有乡的消息》（News from Nowhere: or an Epoch of Rest）（伦敦，1970），第76页。

14. 卢梭，《论社会契约》（The Social Contract），第1书，第7章。

15. 考伯兰（J.A.Copeland），《布莱德维尔皇家医院》（Bridewell Royal Hospital）（伦敦，1888年）。

16. 福柯，《癫狂与文明》（Madness & Civilization: a History of Insanity in the Age of Reason）（伦敦，1967年），第2章，"大型监狱"。

17. 或许值得注意的是，当下建筑界对全息投影的好奇追逐典型地体现着我们总喜欢把自己附着在无因由的虚幻上的欲望。15年前，人们就开始热议全息电影甚至全息电视的可能性，然而，除非我们找到了处理激光束叠加的方式，使之不致丧失清晰度，除非我们有办法让这个世界静止不动等待着激光拍摄，不然的话，我们不要希望会有什么进展。

18. 爱尔维修，《人论》（a Treatise on Man），霍普（Hopper）译（伦敦，1777年），第1卷，第20页。

19. 德米兹（A. Demetz）与布鲁埃，《教养院居住单元真实状况报告》（Rapports sur les Penitenciers des Etats-Unis）（巴黎，1837年），第88页。

20. 见他的《济贫补贴》（De Subventione Pauperum），写于1524左右，被翻译且收录在《济贫早期文献》（Early Tracts on Poor Relief）中，由萨尔特编辑（F.R.Salter）（伦敦，1926年）。

21. 作为济贫法立法委员会（the Poor Law Commission）的第一任书记，查德威克是位济贫的领军人物，我们或许该感谢他，由于他的努力，不久之后，全英格兰到处都开始突然洒下救济所（workhouse）的雨露。

22. 布鲁，《比斯特收容院历史》（巴黎，1890年）。

23. 见华生与普利奇特合著的《韦克菲尔德乞丐精神病人收容所的平面、立面与剖面》（Plan, Elevations and Sections of the Pauper Lunatic Asylum at Wakefield）（约克郡，1819），其中，有图克（Samuel Tuke）的文章"实用启示"。但是读者想要获得对疯子改造整个话题的独特洞见的话，请参考福柯的《癫狂与文明》（Madness and Civilization），特别是第9章，"精神病院的诞生"。

24. 以同样的方式，谢尔巴特（Paul Scheerbart）与陶特（Bruno Taut）也把一种道德治疗的价值赋予了城市的肌理。二人合著的《玻璃建筑》（Glasarchitecktur）构成了比斯特收容所所代表的简单遮盖过程的平衡（counterpoise），但是同样在管理上毫不留情。他们构想的是阿尔卑斯山上透明的镇子，那里，建筑几乎全部是玻璃建筑，它们构成了彻底显露的文化。在这样的社区里，不存在黑暗，也就不会遮挡堕落者的堕落行为——没有什么东西可以屏蔽这里居民自己见不得人的事情。在那种能够穿透每个人的明亮且无所不在的光照下，一切都被暴露出来；或许，从真实之光，就会产生健全人生（wholeness）。请参照《奇幻的建筑》（Fantastic Architecture）一书中有关谢尔巴特与陶特的各类文摘的译文。该书由康拉德斯（Conrads）与斯伯尔利奇斯（Sperlichs）编辑（伦敦，1963年）。

25. 这一阐释上的变化典型性地体现在了对"芝加哥7人组"（the Chicago 7）的审判上，以及在所有形式下的原教旨主义（fundamentalisms）和某种狄奥尼索斯式的仪式感（a Dionysian sense of ritual）的复兴下公社的迅速增长上，还有就是在我们力求规避污染的新的神秘强度上。这种新观点的道具可能包括各类的工具和生存策略，诸如《居家菜谱》（Dome Cook-Book）、《全自然图书》（Whole Earth

Catalogue）以及其他一些用于隐居（dropping out）的工具书、参考书，大量的关于自给自足的"舱"（pods）和隐居"囊"（capsules）的设计，以及有关"模拟"环境和媒体信息接收头盔的设计。

图1　这是由格罗索夫（I.Golosov）于1928年摄于莫斯科祖耶夫俱乐部（Zuyev club）的一张照片。也是一幅苏联社会在实际运行中的缩影：在一种等价空间里，均匀地分布着5个人物和1尊雕像。与其说这是一幅有关人之间亲密交往的照片，倒不如说是有关个人如何被社会化的照片

人物、门、通道（1978 年）

日常事物里包涵着最深的玄机。在一个常见的当代住宅平面中，除了对冰冷理性、需要和明显事物的体现之外，人们最初很难看出其中还有其他别的什么东西。也正因为如此，我们很容易就会以为如此透明平凡的商品可能就是直接用人类基本需要的质料打造出来的。的确，几乎所有的住宅研究，无论它们的视角是什么，都是以这一假设为基础的。一位知名的专家宣称："寻找家的努力以及对房子所能提供的遮蔽性、私密性、舒适性和独立性的渴望乃是全世界都熟悉的事情。"[1]从这种立场看，现代住宅的特征看上去超越了我们自己的文化，被提升到了体面居住的普遍且永恒必备的地位上。这倒很容易理解，因为所有日常的东西看上去总显得既中立又必要。不过，这是一种幻觉，一种能带来诸般后果的幻觉，因为这种幻觉隐藏了对于家庭空间的习惯安排对我们的生命所施加的力量，同时，这样幻觉还隐藏了这种组织有着起源和目的的事实。这种通过建筑的媒介去追求私密性、舒适性和独立性的做法其实是晚近的事情，即便是当这些词汇最初被使用并且被用到跟家庭生活有关的事务时，它们的意义也跟我们现在对于它们的理解很是不同。所以接下来的文章乃是一次多

少有些简陋和粗浅的尝试，旨在发掘如今看上去已经变得如此普通的事物的诸多秘密之一。

平面以及其中的居住者

如果说一张建筑平面图真的描述了什么的话，它所描述的就是人类关系的本质（the nature of human relationships），因为那些把自己的痕迹留在平面上的要素们——墙体、门、窗户和楼梯——都是先被用来划分然后选择性地重新整合居住空间的。然而即便是在表达最为详尽的建筑图上，通常也还是缺乏对人物形象居住使用建筑的方式的描述。造成这种缺失的原因可能好多，可是当人物真的出现在建筑图上时，这些人物都不太像真人，而只是些象征，仅仅是些生命符号，例如，在帕克·莫里斯委员会（Parker Morris）所颁布的那些标准社会住宅平面图上出现的人物形象，就像是一堆变形虫（译者注：帕克·莫里斯曾是英国中央住宅顾问委员会的主席。20世纪60年代，该委员会的报告演化成为英国住宅设计的基本标准）。

是的，当我们关注的范畴不止建筑绘图这类素材时，我们的确可以在住宅格局设计的常见手法和人们在日常生活中让自己适应彼此关系的常见方式之间找到一定的吻合。最初，把摄影或绘画和平面联系起来还真有些古怪。可不论二者显得多么不同——无论关于男人、女人、儿童或其他家庭动物日常活动的照片图画和描述显得多么真实和特殊，而平面图们显得多么抽象和示意性——二者都跟人类关系这同一基本话题有关。

我们把某个时期、某个地方的某些人物的画像和住宅平面放到一起：把它们一起作为某种生活方式的证据去研究，那么，日常行为和建筑组织之间的关联可能就会变得很是清晰。本文接下来用的就是这么一个简单的方法，或者说是希望体现出这样一种方法。

房间里的圣母

在这一方面，作为画家和建筑师的拉斐尔的作品为我们提供着便利的实例。因为拉斐尔的作品起码能清晰地表明归隐式家庭生活的理想并不像我们常常以为的那么普遍，只不过是一种有着时代和场所具体背景的理念。当然本文不是想要综述拉斐尔的所有作品；我们的目的只是要从他的艺术和建筑中提取一些其中隐含着体现着那个时代、不止在艺术中、也在人们日常交往中特殊的"人对待他人的态度"的证据即可。

在意大利文艺复兴盛期，空间中人物形象的相互呼应已经开始统治绘画。在此之前，画家们对于人体的迷恋主要是集中在人体细部上的，比如：对躯干的刻画，对筋骨、皮肤和肌肉的描摹，对个体人物秀丽的烘托。只是到了16世纪，人体细化到了优雅或者说放大到了崇高的程度，然后在达·芬奇（Da Vinci）、米开朗琪罗（Michelangelo）、拉斐尔以及他们的追随者的绘画中演化成了一些格外强烈、肉体化甚至挑逗性的人物姿态。就连绘画主题也常常因为这一新观念被加以改动，对于圣母和圣子的处理就体现着这一点。15世纪时，那个怀抱端庄婴儿、过去只是坐在宝座上的主妇已经被抬高，高于这个世界的其他部分。妇人和婴儿都在凝视画面外，但又好像什么都不看，尽管他们的形象已经变得不那么僧侣式神圣，他们仍然保持着圣洁和不可侵犯的平静（见图2）。到了16世纪，二人从宝座上走了下来，被一群他们所熟悉且生动起来的人物所包围和陪伴。拉斐尔的《走下宝座的圣母》就是诸多"圣父、圣母、圣子"全家像中的此类代表（见图3）。这些人物的聚会纯属艺术想象的虚构，没有任何《圣经》文本依据。然而正是这样一种虚构，帮助这类题材虽然带有精神性起源但最终明显表现了人物之间在感官上彼此关爱的绘画广受欢迎。在拉斐尔的《圣母》中，人物并不是在空间中摆着架势硬被拉到一起的。他们彼此仔细地看着对方，近距离凝视着对方的眼睛和肌肤，他们用手抓着、拥抱着、触摸着对方，仿佛他们彼此之间还看不出对方是谁，而是要靠触摸才能更有把握似的。只有还是儿童的圣约翰面向着我们这些观者，并因此打破了这个彼此交流着的亲密圈子。这些人物不只是图画上的主题，他们就是图画，他们填满了整个图画。个体身体的体格完美性消失在了相互衔接的拥抱和身姿的网络之中；对于绘画来说，这种东西并不完全

图2　埃克尔·德·罗贝蒂（Ercole de' Roberti）于1480年绘制的《圣母与圣徒》（拉文纳的圣坛绘画）。画上人物本身显得非常自然，他们被隔离在一个等级化空间中，表示着不同的精神纯净程度

图3 拉斐尔于1514年绘制的《走下宝座的圣母》。在拉斐尔早期圣母题材的绘画中，人物是彼此分开的，摆着架势的。到了拉斐尔成熟期的画作中，人物开始变得拥挤和流动起来。在某些稍晚画家的圣父、圣母、圣子全家图里，特别是在帕米吉尼诺（Parmigianino）和柯雷乔（Correggio）的画作中，彼此触碰的人体的潜在感官性已经很是变得跟性有关

新鲜，却是一种到了16世纪才达到高潮的成就。

所以，如果我们真想在人物和平面之间寻找某种吻合的话，我们或许最好就从这里开始，就是看，在一幅画中，人与人的关系被转译成了怎样一种超越了主题——事务内容的构图原理，圣人和俗人之间的问答（solicitations），对于我们来说，在哪里变得如此夸张——或者他们之间的问答方式会让我们觉得就是可信行为的写照。

1518—1519年，枢机主教朱利奥·德·美第奇（Cardinal Giuliodi Giuliano de'Medici）要在罗马马里奥山（Monte Mario）的山坡上建造一座规模巨大的别墅。后来这一被称为"玛达玛别墅"（Villa Madama）的庞大工程只部分被建成。监理该工程的人是小安东尼奥·达·桑迦洛（Antonio da Sangallo），但是设计概念无疑是拉斐尔的。也就是说，这里是一位在其绘画中帮助圣母完成了"去神圣化"的艺术家所设计的用于日常生活的奢华场所。1809年，法国建筑师拜西埃和封丹（Percier and Fontaine）发表了他们花了很大气力才完成的对这栋别墅的复原图。图上强调着中轴对称，让整个建筑群成为紧靠山脚的统一建筑体，并把室内房间布局调整得很符合当时推崇严格古典化的权威理念（见图4）。在那个时代，拉斐尔又怎能会给出一个不合古典性的设计呢？[2]然而，就真被建成的那一部分建筑而言，还有从保留下来的初期平面图来看（见图5），[3]事情又未必尽然如此。

建筑整体的对称很容易产生重复，一侧房间和情形总会在另一侧找到对应，但在早期的平面图上，这种重复并没有发生。虽然这栋别墅里面绝大多数空间都是对称布置的，但是它们却不是彼此的复制；每个房间都不同。只是在直观看到的部

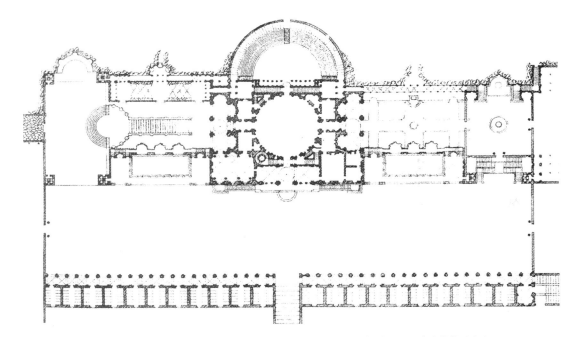

图4　拜西埃和封丹1809年出版的玛达玛别墅复原图。这张图倒未必是对原初设计的复原，更像是对某种构成原理的肯定：对称主导着图面，到处都是重复。不过，这张复原图还是显明了一个事实，就是将交通空间同居住空间系统隔离出来的做法只发生在了马厩里

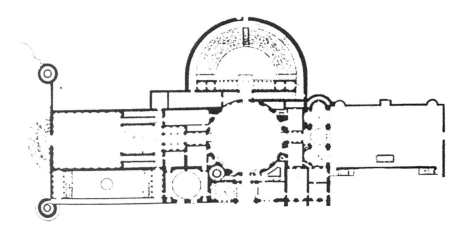

图5　由拉斐尔和桑迦洛参与建造的罗马玛达玛别墅。平面出自桑加迦洛（重绘）

分上（the parts which it could be immediately apprehended）才有一致性；而建筑作为整体看时还是多样的。然而，尽管存在着创造场所独特性的努力，仅从平面看，我们还是很难判断哪些部分是封闭的，哪些部分是开敞的，因为这些空间之间的关系到处都很相像。那些内庭（chambers）、敞廊（loggia）、内院（courts）和花园刻写着由墙体限定的形状——它们就像一些大房间——一个一个加起来填满了整个基地。这栋建筑似乎最初的构思就是用这些围合空间累加出建筑，其中，那些组成性空间要比整体形态来得更规则些。这样的平面怎么会出自那个被18世纪学院派们所虚构的、被19世纪浪漫主义者所诟病的绝对古典的拉斐尔呢？[4]

在拜西埃和封丹二人修正过的那张复原图上——就是在对称性外皮之内藏着不对称空间的复原图上——表明了原初拉斐尔设计已经不再起作用的那么一个点；在那个点上，居住空间的潜在结构忽然就冲破了拉斐尔建筑古典布局的束缚。这跟拉斐尔的画作形成了某种平行；也在那么一个点上，人物肉欲的光芒穿透了拉斐尔人物构图中身姿那空虚的符号性。

门

如果我们把玛达玛别墅的平面视为是一幅社会关系图的话，有两个组织特点就会变得很清楚。虽然我们今天不会再像过去那样如此这般地给事物排序，这些特点还是有关这一别墅所要维系的那种社会环境的至关重要证据。

首先，这里的房间不止只有一个门，有些房间有两个门，甚至有的房间有三个或者四个门。而这一特征，自从19世纪起，就已经被视为是任何种类、任何规模的居住建筑中的败笔。为何如此？罗伯特·科尔（Robert Kerr）曾经给出过详细回答。他在《绅士住房》（1864年）一书中，用他常用的警告式口吻，提醒读者注意这种"穿越式房间"的不便恶劣之处。这种穿越会让家庭生活和休息都无法得到保证。值得提倡的替代设计是尽端式房间。每个房间只设一个门连向房子的其他部分。

然而追随古代先例的背后，意大利的理论家们却给出了恰恰相反的建议在，他们认为一个房间开多点门总比开少点门好。例如，阿尔伯蒂（Leon Battista Alberti）在提到古罗马建筑中存在着诸多种类和数量的门之后就说："门的设置应该遵守这样一条规则，就是尽可能多地布置门，以便于通向建筑的其他部分"。[5]这一点，被认为特别适用于公共建筑，但也适用于家居建筑的布局。一般意义上讲，只要两个房间相邻，彼此之间就要开一道门，这样就会让一栋房子里的房间变成一个网，里面的房间既能独立又彻底串联在一起。拉斐尔设计的平面就代表着这一做法，尽管这是当时事实上再普通不过的做法而已（见图6）。

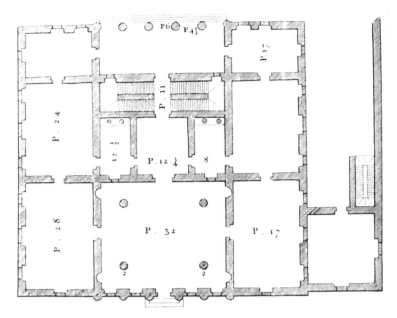

图6　由帕拉第奥（Andrea Palladio）于1556年设计的位于乌迪内（Udine）的安东尼尼宫（Palazzo Antonini）。帕拉第奥设计的别墅和府邸平面都是那种串联式房间。这一建筑的奇特之处在于主体建筑内的那些厕所。在平面中央方形的候客厅里，一边一个厕所（从上部通风）。而这两个厕所也都可以当成通道被穿越

　　因此在意大利人和罗伯特·科尔之间，就存在着对于"方便"（convenience）这个简单概念完全相反的看法。在17世纪的意大利，一个方便的房间要有好几个门；而在19世纪的英格兰，一个方便的房间却只能有一个门。这一变化是重要的，不只是因为这将意味着要改动整个房子来重新布局，还意味着家庭生活模式的彻底重塑。

　　伴随着对于门之数目的限制，还出现了另外一种旨在尽量减少家庭各成员之间必要交流的技术：亦即，系统地使用独立的入口。在玛达玛别墅中，事实上在早于1650年的所有居住建筑中，在穿越房子的通道和房子里的居住空间之间，是没有什么品质上的区别的。玛达玛别墅的主入口位于别墅南端。通过一道半圆状台阶，穿过带有角楼的外墙，就进到了一个前院；然后，要再向上爬一跑楼梯，穿越一段柱廊下的山坡，经过带有拱顶的通道，就到了中间那个圆形的院子；到此为止，在我们进入这个府邸更加具体且私密的空间之前，我们已经经历了前面5个空间的规定序列。然而，从中间圆形内院出发，将有10种不同的路径通向别墅里的各个场所，没有哪一条路径占据着特别的主导地位。其中，5条路径直接通向内院或是它的附属房间，3条穿越宏伟的敞廊，敞廊背后是由围墙围合起来的花园，还有2条通向角楼。一旦人们进入其中，就得从一个房间穿越另一个房间，然后又是一个房间，横穿整个建筑。当人们使用通道和楼梯时——显然这是无法避免的——这些通道和楼梯不仅仅是一般意义上的人流疏散设施，它们总会连接着一个又一个的空间。这样，尽管这个别墅

用一个个房间的添加构成精确的建筑围合，[6]在居住使用上，这个别墅却有着一个开敞平面，对于家庭里的不同成员来说，都是相对开放的。所有家庭成员——男人、女人、儿童、仆人和客人——都注定要行走在一个相互串联的房间网阵里，日常生活就是在这样的场景中进行的。在一天里，无疑这些人的路径会发生交叉。除非采取什么措施去避免，否则这里的一种活动有可能和另一种活动相遇。当门的数量多起来之后，这样的事情就不稀奇了；这就是意大利府邸、别墅和农庄里的规则——人们习惯于将房间们串联起来，而这样的串联方式很少会影响到建筑风格（不管这建筑是哥特式还是地方式的），不过，如此串联间的方式肯定会影响到生活的风格。

从那些描述过同时代事件的意大利作者那里，我们常常会读到这样的场景，就是许多人聚在一起打发时间，看风景、讨论、工作或是就餐，并因此总会在这些人中有相对较多的可记录故事发生。作为最愿意聚会的那类人，拉斐尔的好友卡斯蒂廖内（Baldassare Castiglione）在他的《廷臣之书》（The Courtier）中记录了应该是发生在1507年3月意大利乌尔比诺公爵府（Urbino Ducal Palace）[这个公爵府本身就是前面描述的网阵格局设计（matrix planning）的一个实例]里连续4个晚上发生的事情。19个男人和4个女人在场，并且很显然，他们都会在晚餐之后经常举行这样的活动。[7]无疑，《廷臣之书》是一种对真实事件进行了提炼、加工和感情化的记述，但是书中所言的一群人为了打发时间自然而然聚会一处的描写，跟其他资料的记录是高度吻合的。我们知道书里的人物多数都是当时府邸里的客人。

作为最不愿意聚会的那类人之一，切里尼（Cellini，1500—1571年）则在他的自传里给予了另外的描述。那本自传中那些满是激情、暴躁、脾气不好的人物跟前面提到的那种有教养、睿智的聊天者之间没有一点相像之处——这种反差是如此生动，以至于我们会把他们当成是两种不同的动物。然而切里尼就像卡斯蒂廖内一样，也还是需要人情往来，以便展示他那没有节制的自我。对于二者来说，有人陪伴是普通状态，独处则是特殊状态。

在这两位作者之间还存在着另外一种意味深长的相似性，并且初看上去这种相似性似乎和这篇文章的宗旨有些矛盾；两位作者都没有描述场所。在《廷臣之书》中，那么几句到处都适用的句子是不能够真正赞美乌尔比诺公爵府的——那是意大利文艺复兴建筑中的杰作之一。可是从头到尾这本书里无论直接地还是间接地就没有对作为场景的居室外表、内容、形式或是格局有过一个字的描写。这太奇怪了，因为卡斯蒂廖内在前言中说他愿意把自己视为是描摹场景的画家。同样，切里尼的自传里面到处都是关于敌对、爱、野心、剥削的关系，它们彻底塞满了整本书的空间。切里尼定位事件的方式只是陈述一下它们在哪里发生的，但是这种陈述很像在参照一张脑海里的地图。对于地景或是城市的景观，这本书里也是只字未提。同样，地貌、建筑和家具布置，也都没有出现，甚至没有变成他所回忆的那些阴谋、密会、胜利和灾难的背景。下面是该书中有关建筑最为明确的几段文字，描写了切里尼所独处的圣天使堡（the Castle of S. Angelo）之外的建筑。第一段文字是围绕一次抢劫的场景记述：

"……也就是我刚满29岁的时候，我找了一个非常美丽动人的年轻女孩做我的侍女……出于这个原因，我就睡到了比较远离工人睡觉房间的那个房间，同时也远离了工坊。我安排这个侍女住在隔壁一间狭小而破烂的卧室里。我以前通常睡得很死……这样，一天夜里，有个贼潜入了店铺。"

第二段文字描写的是切里尼病在床上还想着怎样去和一位主顾达成和解的情形：

"我让人把我送到美第奇宫，就是那片小平台的地方，下人把我安置在那里，等待公爵路过。我的几个好友从院子里出来和我闲聊。"

第三段文字描写的是切里尼与一位潜在的刺客之间的一次对峙：

"我离开家时很是匆忙，不过我还是像往常一样带上了武器，我沿着朱利亚大街（Strata Giulia）大步走着，并不以为在这个时刻会遇到什么人。当我走到街道尽头转向法尔内塞宫（the Farnese Palace）时——而且像往常一样，在绕过转角时我还尽量让出了一段距离——这时，我看到那个科尔卡人（the Corsican）就站在那里，然后走到了路中央。"[8]

在这里，建筑几乎就没有进入到叙述中来，或者说只是作为某些不幸事件或是遭遇中的一种有机特征来介绍。切里尼的自传和《廷臣之书》一样都彻底沉浸在人物交流的事件当中去了，以至于排除了所有其他一切的存在，这就是为什么我们很难从中找出物质实体背景的原因。

在绘画中，我们可以看到同样的"人物置于背景中的优势的地位"，以及同样的被赋予了生命感的物体们的那种扑面而来的感觉。在拉斐尔的《走下宝座的圣母》中，画上的人物们占据着一个房间，但是除了在画面右侧边缘背景深处的窗子，我们几乎看不出这个房间该是个什么样子。房间的形状似乎并不影响这些人物的相互关系或是他们的空间分布。在拉斐尔最为建构性的壁画《雅典学园》（The School of Athens）中也是如此。在《雅典学园》中，带着穹顶的敞廊和占据着敞廊的众位哲学家们被同样仔细地描绘出来（见图7）。建筑在这里的作用，其布局很有可能就是启发了玛达玛别墅里那条敞廊设计的出处，如果说有些作用的话，就是聚焦在集会本身，不然的话，建筑就不会对社会形态留下任何决定性的痕迹。只有那些位置比较边缘并且自我沉浸的人物才会用建筑去支撑他们的躯体，比如坐在台阶上，靠在一块奇怪的大理石上，或是倚在壁柱的基座上。

所有这一切都带来一个令人意想不到的困难：我们很难解释意大利人到底是怎样又是从何时开始如此沉浸于人类的事务中，毕竟是他们发展出来的这种满是细部的精致建筑呀，可是

图7　拉斐尔于1510—1511年间绘制的《雅典学园》

图8　拉斐尔、朱利奥·罗曼诺、乔万尼·达·乌迪内于1518—1525年绘制的玛达玛别墅敞廊穹顶壁画。在眼睛可以尽情欣赏的地方，手却触摸不到

他们却几乎没有工夫去关注建筑，似乎这些建筑处于社会生活圈层之外。或许这一提法有些夸张，但是这种悖论的确存在。就说取材于尼禄皇帝（Nero）"金房子"（the Domus Aurea）的玛达玛别墅敞廊里（见图8）由拉斐尔、朱利奥·罗曼诺（Giulio Romano）、乔万尼·达·乌迪内（Giovanni da Udine）合作完成的美妙和精美装饰吧，仅从图像志角度或者只用炫耀的冲动去解释是说不过去的。[9]这些装饰一定发挥过某种作用，但是这类对于形式的感觉性并不是像自来水来自某个水龙头那样就一定出于地位或是象征性的考虑。不过很有可能，正是建筑的这种不经意性以及作为附属物的属性，才恰恰导致了建筑变得在视觉上如此富丽。在所有种类的感觉中，视觉是最为适合去感觉那些身处体验边缘的事物的，那也正是一个房间——特别是一个大房间——所提供的东西，就是感知的某种边缘。而在身体的近体区里，则是由其他感觉在统治着。

我们上面给出的例子，虽然没有提供什么证明，却也表示着在16世纪的意大利，人们对结伴、亲密、偶遇的喜爱是跟建筑平面的格局相当吻合的。或许研究民居的历史学家很容易就回到了历史中，从这种串联房间的矩阵身上看到并且认识到正在等着进化、等着变得更为差异化的房间布局的原始状态，因为那时的人根本就没怎么想要把建筑各部分划成各自功能独立的集合，或是在"服务性空间"和"被服务空间"之间加以区别。但是这并不代表16世纪的意大利居住建筑没有原则，对于玛达玛别墅中的不同大小、不同形状和背景的房间来说，贯通性是到处都适用的。这种房间的贯通性并不是偶然之举，它本身就是一种原则。或许，这种房间的贯通性之所以没有被理论家们吹上天，仅仅是因为从来就没人去问过这一问题。

通道

有关把走廊作为将交通功能从房间内转移到房间外的手段（device）的历史，尚无人写过。从我到目前为止所能采集到的一些证据看，在英格兰，通道最早走进记录的是由约翰·索普（John Thorpe）[10]在1597年前后设计的位于切尔西的毕弗特住宅（Beaufort House）里的走廊。显然那时的人是把走廊当成某种好奇的事物来看待的，不过，人们已经开始意识到走廊身上所具有的威力，因为在那个房子的平面图上写着："一条贯穿整个房子的长通道。"随着意大利式建筑在英格兰站住了脚，颇具讽刺意味的是，中间走廊的方式也在英格兰站住了脚。与此同时，楼梯开始连接走廊而不再局限在房间之内。

在1630年之后，在为富人建造的房子里，建筑内部格局的变化已经非常明显。门厅、阔气的开敞楼梯、通道以及后楼梯联合形成了一种穿透式的交通空间网络，连向房子里的每一个主要房间。对于这一新奇布局最为彻底的贯彻者当属位于伯克郡科尔斯希尔（Coleshill）（大约1650—1667年）由罗杰·普拉特爵士（Sir Roger Pratt）为他的表兄建造的房子（见图9）。在这里，通道贯穿了建筑每层的整个平面，在通道尽端设有后楼梯，在中间则是处在两层层高门厅里的大楼梯。而这个门厅虽然处理得有些炫耀，实际上仍然还是个通廊（vestibule），因为门厅两侧的房间里都是住着人的。

这里，每一个房间都有一个门通向走道或是通向大厅。在

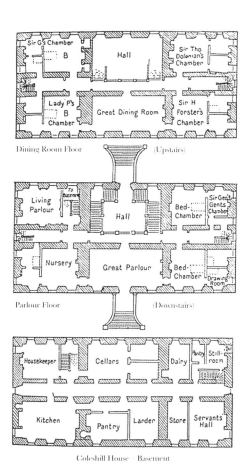

图9 由罗杰·普拉特爵士于1650-1667年间设计的伯克郡科尔斯希尔的房子。这里，楼梯会比其他建筑要素更能吸引移动中的人。在楼梯的建筑化放大（architectural aggrandizement）以及在走廊布局的设计之间似乎存在着一种紧密的呼应。毕竟走廊几乎也能承担同样的职能

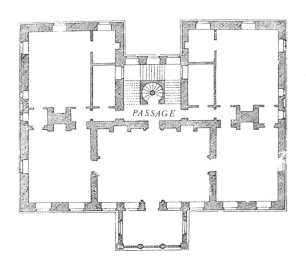

图10 由约翰·韦伯于1661年在威尔特郡（Wiltshire）设计的阿姆斯伯利住宅。首层平面，尽管用于交通的空间都处在中心线上，也没有过分强化，这一平面的流线组织还是跟科尔斯希尔那栋房子的组织有着小小的不同。那个处在楼梯当中间的螺旋楼梯是给仆人专用的

他的建筑专著中，普拉特坚持说："在中央设置横贯房子通道的方式"为的是要防止"工作间（utility rooms）彼此因为贯通而相互干扰"，并保证其他房间"不会因为需要普通仆人到场而公开地穿来穿去"。[11]

根据普拉特的说法，通道是给仆人们使用的：通道的设置是为了让仆人们不干扰主人和客人，更为重要的是为了给绅士和淑女们让路。富人们的这种讲究和挑剔并不新奇，真正新奇的是，这里人们开始有意识地运用建筑去"驱赶"仆人——这样的措施既部分地来自于社会动荡时期富人和穷人之间的敌对，也预示着在未来时日里通道将成为保持家庭生活平静的手段。

至于主要的卧室们，它们之间仍然是打通的，把各个门打开，就能看到一幅通透的图景。因此说，在这个时期里，走廊还不是唯一的交通空间，而是平行于相互串通的房间的一条通道。即使这样，在科尔斯希尔的那栋房子里，走廊还是在某种意义上占据了主导地位。它变成了穿越大部分房间的一条必要路径。另外一个平衡了这两种类型的交通方式，也更显优雅的平面，就是韦伯在威尔特郡（见图10）设计的阿姆斯伯利住宅（Amesbury House）。这里，中央通道服务于整个建筑，而所有的房间——起码在主层上是这样——也都是相互贯通的。从这类平面上我们可以看到，这种贯穿式通道（through-passage）是怎样被引入到家居建筑中来的。从它出现的一开始就代表着社会上层和下层人士之间深深的分化。在家庭圈子里地位高的人仍然可以使用贯穿房间直接进入的方式，同时仆人们就被安排到了邻近着主人但不处在中心的那些限制性地带中去了；这样，仆人们总能够一方面招之即来，却又不会在没被需要的时候露面。

这一做法实际的影响远比这里介绍的更为深远。用建筑手段解决仆人问题（亦即，仆人作为服务者有时必定出现的问

题）有着更为宽广的衍生意义。在普拉特的写作中，我们会在所有跟"干扰"有关的事务身上嗅到普拉特所具有的那种小心，仿佛从建筑师的角度看，一栋房子里的所有居住者们，不管他们的社会地位如何，彼此都成了让对方闹心的潜在缘由。是的，在科尔斯希尔的那栋房子里，如前所述，普拉特的确在某些房间之间也大度地设置了贯通的门，但是他这么做的目的明显只是制造一种整栋房子里房间一间间退去的透视效果而已：

"至于这些小点儿的门，让它们都沿直线一个个对着排列。一旦打开它们，您就可以从一端看到另一端；如果在端头处再放置一扇窗子，就有了回应，整个视景就会变得如此美好。"[12]

这么说来，此时对于家居空间的整合为的是美，对于家居空间的分隔为的是便利——这对矛盾从这时起就被深深地铭刻到理论之中了，并且针对两种多少有些距离的现实性创造出两种明显有区别的标准：一边是迎合眼睛的延伸过去的空间串联（根据那个时代作者们的说法，这种空间最容易欺骗感觉）；另一边是小心的围合和一个个的房间。那里将维持着自我和他者的区别。

在一种能看穿的建筑和一种能够隐藏的建筑之间的分裂切出了一道不可逾越的空白，也将商品和愉悦、实用和美观、功能和形式区分开来。当然，我们在拉斐尔的作品中同样容易看到，建筑中影响着日常交往的那些方面以及那些只关乎视觉形式的那些方面已经有所区别。只不过在拉斐尔的作品中，这些东西一般而言彼此还要协调，而在科尔斯希尔的那栋房子里，这些东西开始向着很是相反的方向离去。

至于独立入口的发明一定会出现的原因，我们尚不是那么清楚。这肯定代表着社会在对他人陪伴的渴望上某种态度的变化，是向房子里的所有人显露？或是只向其中的某些人显露？在这个时间段上，这一问题成了设计的重点。这一原则在家居设计上的突然且有目的性的应用表明，这一原则并不像人们常常认为的那样，它不是地方形式漫长而可预计演化过程的必然结果，也跟意大利风格或是帕拉第奥式建筑的引入无关，尽管这些形式可能是它的载体。这个原则仿佛是一下子就从空中降临似的。

它的降落正值清教徒们开始强调要"武装"自己去抵抗喧嚣世界的那些年间。当然，清教徒们说的是一种精神上的武装，但这里又意味着另外一种武装，一种在身体和灵魂之外的武装：就是把房间变成柜子。一位名叫科顿·马瑟（Cotton Mather）的新英格兰清教徒的故事告诉我们，在这样一种自愿的隐居中，要想把其中的感觉性和道德性彻底区分出来该有多么困难。据说，马瑟自己立了个规矩："从不与人为伴，如果没有必要的话。"当结伴的机会出现时，要用这一规则尽可能给出警戒或是责备的暗示。后来，马瑟先生被社会塑造成为一种家庭典范，"尽其所能，为他的兄弟姐妹还有仆人们树立了好的榜样"。但是为了做好这个榜样，马瑟先生发现最好的办法就是尽可能不去进行或是回绝那些不必要或是"不当"的造访。为了避免不必要的打扰，玛热先生在房门上用大写字母写下了一句劝诫的话："请简短！" [13]

将房子分成两个领域——一种是居者居住的内部"圣所"，有时就是关闭的房间，另一种是无人居住的交通空间——这种做法跟马瑟先生的标语发挥着同样的作用，它会让你觉得，如果你没有具体事务的话，是没有什么理由进入任何房间的。随着领域的这种划分，就出现了可辨别的现代的对于"私密性"（privacy）的定义，隐私的限定并不是要应对那个关于"方便"的永恒问题，而很可能是作为接纳一种萌生中的心理的方式。以这种心理去看，第一次，自我已经不止会因为他者的出现而感到危险，而是会在他者的出现中解体。

在17世纪的文学中有一个常见的比喻，就是把一个男人的灵魂比作一处私密的密室。[14]但是我们很难知道到底是什么首先变得私密起来的，是房间，抑或是灵魂？我们可以肯定的是，二者的历史是纠缠在一起的。

同样，即便是到了18世纪，人们也没有用严谨的方式探求封闭围合的逻辑。大一些的家庭一般会遵守着阿姆斯伯利住宅的模式，试图通过既提供独立入口也提供房间之间的门来调和独立入口和串联性，尽管人们仍很少会一步步地去做解析。只是到了19世纪即将到来的时候，出现了一种回潮，开始了进入方式的更高系统化，这一点我们可以在建筑师索恩（John Soane）和纳什（Nash）的平面中看到。在这方面，索恩的作品或许比任何其他建筑师的作品都更加靠近现代性的边缘。

索恩跟普拉特一样，都曾在室内构想过某种透视效果，只不过索恩并不仅仅满足于一串门的对位。索恩还喜欢做空间层叠，这样，眼睛不止局限在类似望远镜中一串门洞的层层后退，而是可以在横向、竖向，从这里到那里，到处游荡。或者更为准确地说，这就是索恩在伦敦林肯律师学院广场（Lincohn's Inn Fields）处自宅身上想要获得的建筑效果。而在索恩给别人设计的房子里，不止会约束这种空间延伸的渴望，还同样会坚持把所有的房间都充分闭合起来，以便能够相互隔绝，用于日常使用。当房间变得更加封闭，空间美学却展开来了，仿佛眼睛可延展的自由乃是对身体和灵魂更为封闭限制的一种安慰；作为补偿，这一点，在20世纪的建筑中变得越来越熟悉，越来越突出。这样，当索恩式场景特点出现时，它们常常会出现在交通空间处，或是出现在有窗户的地方，而不是在居住空间里。就像在科尔斯希尔的房子里那样，建筑师琢磨最多也最令人印象深刻的地方，一般来说，就是楼梯、缓步台、门厅和通廊处——这些空间里没有别的什么东西，恰恰是从一处到另一处的通道，那里有诸如绘画或是雕像这类代表着有人居住的诸般迹象。

半个世纪之后，当罗伯特·科尔提醒他的读者进入串通式房间的危险时，这个问题已经被一劳永逸地解决了：此时，走廊和人们对于私密性的普遍要求已经确立了牢固的地位，走廊式的房间布局原则基本上可以被用到任何情况下的任何居住建筑身上：大房子、小房子、仆人住区、家庭公寓、办公的房间、休闲的房间——这些类别划分都服从于更为关键性的划分，就是在路径和目的地之间的划分。而路径和目的地之间的划分则从此以后主导着家居格局设计（见图11）。科尔画的示意图将房屋平面全都消减为流线和位置这两种范畴，他提出，对于流线和位置的恰当安排，就是建筑和家居一定要依据的基础（见图12）。

表面上看，似乎阿尔伯蒂的抱怨——阿尔伯蒂似乎远比17世纪的理论家们更为重视私密性——与科尔书里面对日常生活中扰闹的抱怨，没有多大的区别。二人都讨厌将仆人和家庭成员、孩子们的打闹、女人们的唠叨混杂在一起。

不过，二者真正的差异在于用建筑去克服这些烦恼的方式上。对于阿尔伯蒂来说，问题在于如何在房间的网阵中安排好哪些房间该和哪些房间毗邻。对于阿尔伯蒂来说，把家里最烦人的成员和最吵人的活动弄得远一点或者安装厚门加一把锁的权宜之计，就可以了，而且这些手段相对而言是次要的，解决家庭纷扰的主要策略是和谐而不是靠封杀。对于科尔来说，他则调动了建筑的各种要素去抗拒混乱和纷扰的可能发生。他运用了一系列战术，一边是将建筑的每一部分都在细分且单元独

图11　由罗杰·普拉特爵士设计的约克郡科尔斯希尔房子里的大客厅。这里，串联相邻房间的门（其中之一就位于壁炉右侧）已经被废掉。这是一个微小却重要的改动，因为它修改了那种既能靠走廊入室又有房间之间通道的17世纪的开门方式，使这一房间成为只能通过走廊进入的19世纪的房间

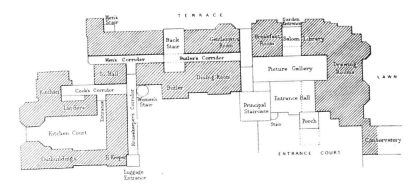

图12　罗伯特·科尔于1864年在拜尔伍德（Bearwood）设计的房子。平面是带着走廊通道的。作为科尔最为用心的乡村住宅，这一设计堪比在《绅士住房》一书曾分析过的另外5个房子相似的设计

立的一般性原则下进行了细致的规划和布局，另外，又让这些细分且单元独立部分都有普遍的可达性。

　　奇怪的是，普遍的可达性就像私密性那样成了独门房间的必要条件。一个细分且单元独立的建筑物不得不依靠贯穿整个建筑的流动将之组织起来，因为在建筑中的流动成为可以赋予建筑以一定统一性的最后一个条件。如果不是通道在"到达"和"离去"之间画了一个连接号"–"的话，事物可能就会变得彻底没有关系了。而在那些被串联起来的房间之中，情况很是不同。在那里，建筑空间中的流动是过滤式的而不是像水渠那样是规定式的。这就是说，虽然从一个房间到另一房间的序列通道被赋予了更大的作用，但流动未必就是一个形式的生成者。我们可以从构成角度看看二者的不同，我们可以说，在那种串联式房间的网阵中，空间的界定和前后交接的方式很像被面上缝在一起的一块块布，而在细分且单元独立的平面中，连接的基本结构就像一棵树的树干，许多空间就像苹果那样，长到了树上。[15]

　　从此，在19世纪，"通衢般的通道"（thoroughfares）就被当成了一个平面上的脊梁，不仅仅因为这些走廊看上去像根脊椎，还因为这些走廊会通过一种独立的疏散体系在区分功能的同时又把诸多不同的功能联系在一起。就像身体里的脊椎那样："房间之间彼此的关系就是通过它们的门才能产生，'通衢般的通道'布局的唯一目的就是把这些门都统一到一种合适的交流体系中去"。[16]

　　这种先进的"骨架"（anatomy）使得设计克服毗邻关系和偏远化的那些局限成为可能。人们不再需要总是挨个穿越那些不可驾驭的有人住的房间——那里面很可能就藏着各种故事、偶然、遭遇。取而代之的，现在任何房间的门都可以把您送到一个路径组成的网络中去。从路径的网络看，隔壁的房间以及

最远端的房间都几乎同样可达。换言之，这种通衢化的通道能把偏远的房间拉近，又能将两个相邻的房间彼此隔离。这里，存在着另一个明显的悖论：走廊的出现本来旨在促进交流，却也消减了人和人的接触。这其中真正的意图是要促进有目的的和必要的交流，而同时减少偶然性的交流。从理性和道德教规的立场看，人和人接触的作用充其量不过是一次偶遇和某种分神，弄不好，则会腐化人和危害人。

在空间中的身体

自从19世纪中叶以来，在家居格局设计方面并没有发生太大的变化，起码一直到最近，家居格局设计只是强调、修改和重复了某些要点而已。无论是激进的维多利亚时代的中世纪主义者（Victorian medievalists）还是现代主义者（modernists），都没有针对19世纪认可的传统进行过倒退或是前进的努力，尽管这两个阵营在谈到对日常生活的改善时都曾大声造势，他们要么彻底拒绝工业生产，要么全身心地拥抱工业生产；其实，他们的言辞都没有什么大不了的，因为中世纪主义者和现代主义者都共享同一个信念，那就是认为"出路"就在房子的建造方式上。这样，首次作为理论和批评的一个有机特征，建筑的社会性思考关注的更多的是房子的建造而不是房子的使用。

这样，当人们首次且首先把房子视为生产产品时，就为"住居"（housing）当下意义的到来准备好了舞台（住居，正如有人最近指出的那样，指的是一种活动，而不是一个场所）。[17]关注的重点也从场所的本质转移到了住宅组装的程序上去了。无论如何，在这样或者那样有关重建的革命性装配式计划背后，房子本身还是保留着所有基本要素未变。因为"现代运动"（modern movement）那不可否认的活力以及"艺术与手工艺运动"（the arts and crafts movement）那十字军般的乌托邦特征，使得人们常常忽视了这一点。

由莫里斯和韦伯（Philip Webb）设计的位于贝克斯利荒地（Bexley Heath）的"红屋"（the Red House）乃是手工艺复兴派的舞台布景。这栋建筑始建于1859年。那不久前，莫里斯刚刚完成了他的架上绘画《美人伊索尔特》（La Belle Iseult）（见图13）。这画中人和这房子里的真正主角都是莫里斯刚刚娶到的夫人——简（Jane）。《伊索尔特》画的是她的肖像，而红屋则是她要生活的场景。这一切都是一种浪漫主义者的计划，莫里斯试图用一种中世纪本真性去取代当时哥特风和伊丽莎白式的风格造假。然而，莫里斯对于过去的投入也仅仅到此而已。手工艺的道德性和美或许可以改变建造程序，改变完成作品的外表，但是中世纪主义并没有渗透到红屋平面中去。它的平面基本上还是维多利亚住宅类型，跟14世纪或是15世纪的房子平面没有任何相似之处（见图14）。的确，红屋所展示的就是布尔乔亚（资产阶级）的科尔所写下的那些原则，并且比科尔自己设计的平面还要好：红屋的房间没有相互串联，每个房间仅设一个门，交通空间显得统一而且明确。

因此，尽管人们会把莫里斯视为波希米亚放浪者、追求非正统生活方式的激进分子、经常藐视布尔乔亚标准的人，他的红屋设计仍然是彻底的当代式和常规化的：这个房子的非正统性藏在别处。

这倒不是说莫里斯拒绝追求中世纪主义，不想用中世纪主

图13　威廉·莫里斯于1858年绘制的《美人伊索尔特》。这幅画上有两个人物，一个是伊索尔特，另一个是处在背景中的中世纪行吟诗人（minstrel）的形象。这两个人物形象不仅在身体上是存在距离的，他们在意识上也没有注意到对方的存在。虽说莫里斯对于油画技巧的把握有些问题，但是二者的分立并不是由其技法局限所带来的结果

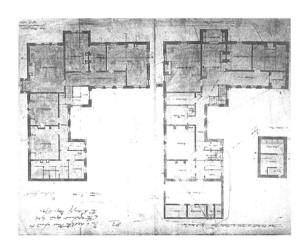

图14　由韦伯和莫里斯于1859年完成的位于贝克斯利荒地的"红屋"。在这些很少被刊登出来的平面图上，莫斯里所追求的中世纪主义几乎毫无痕迹

义去改变人们的生活。即便在这样的初期，对于中世纪的向往已经在莫里斯的工作中占据了核心地位。然而，莫里斯所憧憬的并不是什么变化，而是一种易容（transfiguration），是对中世纪进行一种文学理想化的处理，而不是再造中世纪的生活条件。也就是说，莫里斯要的是极端精神性的理想化，所以我们就不难发现，中世纪生活中比较肉体化的东西，诸如相互串联的房间，就没有再出现在莫里斯的建筑里面。当后来莫里斯搬到了凯尔姆斯科特（Kelmscott）真正中世纪的房子里时，他面对这房子的状态表现得很是夸张：

"一楼很特别，没有通道，所以你要穿越一个房间才能到另一个房间去，这样就会惊扰到偶然造访的某些客人。对于他们来说，客厅边上就摆着一张床是绝对不妥当的。客人们就会惊叹我们是怎么忍受这种痛苦的。"[18]

这样的条件除了可以检验莫里斯挑剔的程度之外，并没有给莫里斯留下什么特别深刻的东西去评说。

在他的诗歌和绘画中，莫里斯进行了相似的清洗。在《伊索尔特》那幅画里，就像在诸多维多利亚艺术作品中那样，他把身体处理成为一个看不见的附体者所要居住的符号。莫里斯的夫人简，装扮成了传说中的女英雄，变成了一尊已经过分精致的精灵的雕像。从她那无精打采、漫不经心的表情与昏昏欲睡的身姿中，放射出"拉斐尔前派"（Pre-Raphaelite）所追求的可爱。灵魂或许还可以外溢出炽热的能量，而身体已经彻底疲倦。画面上的一切都是符号化的，不像是对某个事件的表现，倒像一幅静物画。跟拉斐尔的《圣母》一样，这幅画上的房间也是看不出头绪的，但是这里的看不出头绪跟拉斐尔画上的看不出头绪有着不同的原因。这里，空间没有被一群人物所遮挡。在莫里斯的画中，起遮挡作用的不是人物，而是家具、陈设、窗帘、装饰和其他物品。这些东西站在那里同样也是一种精致精神（psyche）的释放，象征了一种生命，却又跟那生命不发生关系。如果让女英雄从画面上走开的话，这些装饰精美的物品的展示仍然可以很好地代表着女英雄。女英雄在身体上和其他东西之间的隔绝是如此彻底，这些物品就可以成为她的代言人。

莫里斯认为，虽然中世纪艺术曾经很繁荣，但中世纪最大的罪恶就是暴力。而在19世纪，最大的罪恶就是赤裸裸的唯利是图。红屋里同时容纳着艺术和一种和平生活的条件。不幸的是，二者的结合却不断放大着物体的价值，而肉体性的价值却在一直减少，直到身体最终成了精神一道沉重的影子。

这种身体的隐去现象在当时表现得相当普遍而且还有多种形式。莫里斯本人是相当喜欢身体的一个人。他喜欢朋友的陪伴，讨厌清教徒，他会在有教养的同伴们面前[19]令大家惊愕地撕窗帘，把不好吃的食物扔到窗外。他砸家具、砸椅子，还用头撞墙、叫喊、骂人、啜泣。但是莫里斯也在内心修炼着自己——就是去认可——当时流行的关于得体举止、安静和私密的感觉性。别人也差不多，那些说自己根本不喜欢19世纪家庭生活的人还是会陷进去的。比如写了《众生之路》的作家塞缪尔·巴特勒（Samuel Butler）就是如此。巴特勒原本是想写一本揭露家庭生活虚伪的小说。他这样做了，仿佛他在解剖一具尸体那样，当刀子越切越深，场景也就变得越来越令人作呕。下面这段话描述的是一位母亲和儿子坐在沙发上发生身体亲密接触的情景：

"'我最亲爱的孩子'，母亲先开口了，边说边握住了儿子的手，放到自己的手上，'答应我，永远不要惧怕你亲爱的爸爸和我；答应我，亲爱的，因为你爱我，答应我。'她一次次地吻着他，抚摸着他的头发。但是她的另一只手仍然死死地抓着他的手；她已经拥有了他，她不想让他离开。男孩有些退缩。这一幕让他感到燥热，全身不舒服。他母亲看着他在退缩，以为他很享受她对他的抚摸。如果她不是这么自信自己已经胜利的话，她就不可能这么享受触摸带来的快感，就像蜗牛那长在触角端头上的眼睛，为了享受看的快感，总要一次次缩回那样。但是她知道，当她把他按倒在沙发上，当她握住了他的手，她就几乎把敌人完全掌控在手心里，几乎可以随心所欲地想对那'猎物'干什么就干什么了。"[20]

这里我们可以看到，当肌肤接触肌肤的时候，一种微妙的折磨就开始了。对于感官快感的渴望现在成了自己的敌人，成了一种窒息自由精神的高明手法。然而这种反自由、个性和人格的不道德身体性亲昵并没有在19世纪家庭生活场景中获得一席之地。社会推崇的举止还是得体、礼貌和被动，这些品格在巴特勒关于自己家庭乏味的漫画式描述身上也表现得很明显，甚至僵化到了石化的地步。沙发上无耻的身体剥削乃是一次最后的防卫行动，旨在维系那些已经无力示威的规范性条件。其他的选择也许就是，要么接受这种对于身体的侵犯是对感官感觉必要和偶尔的操练，要么在人类交往中彻底剥去任何情感。无论是哪一种，身体都被当成了轻率情感托词下的容易牺牲品。

所以我们就不奇怪了，为什么如此痛恨19世纪家庭生活窒息压迫感的现代性传道者们也只有两种选择。一个就是通过将人类关系集体化去消除亲密关系的那种抓人的热力；另一个，后来证明更适合于房屋设计，就是将人类关系原子化、个体化，将个人和个人都隔离开来。这里，出现了两种设计，一种设计最终就是政体性的设计，另一种最终则是私人性的设计。从某个视角看，这两种设计非常相像，这也是为何如此顺理成章，勒·柯布西耶（Le Corbusier）、希尔伯塞默（Ludwig Hilberseimer）和构成主义者们（the constructivists）会把个体的私密单元当成是基本建造单元，去建造整个新城，而城市里的所有其他设施都是集体化的东西。[21]

　　在一堆激进的说辞和乌托邦愿景过去之后，跟着来的就是更加平淡、没有那么目标宏大的研究，在现代性的名义之下，继续着一个世纪前就开始的尝试——只不过此时，即便是维多利亚时代的人也要因其家庭布局有淫荡的成分受到指责。1928年亚历山大·克莱恩作为研究者为一家德国住宅机构设计了一个叫作"无生活摩擦（Frictionless Living）的功能化房子"，他还把自己的方案和所谓典型丑恶的19世纪住宅平面加以对比（见图15）。[22]标出流线的示意图显示出克莱恩改进平面的优越性。在19世纪的住宅中，人们从一个房间到另外一个房间的"必要流动"彼此交叉交错，就像火车编组站里的轨道那般复杂。但是在"无摩擦住宅"里，这些流线彼此清晰独立，互不相扰，几乎从不交叉。从卧室到浴室的这段路程——就是人们总要赤裸小跑的地方，就是上演着身体最为生猛一幕的地方——被克莱恩施以特殊的照顾，并从其他路径中隔离出来。克莱恩平面的依据就是藏在标题里的那个比喻——意思是说，所有偶然遭遇都会造成摩擦，因此会威胁到家庭机器顺利运转：而家庭机器是一架微妙平衡着的而且敏感的设备，很容易出错。但是不管这一逻辑显得是多么的细致入微，这一逻辑如今已经被当代住宅日常生产生活所依靠的规定、法规、设计方法和常识所掩埋了。

　　在克莱恩对于身体相撞的恐惧和巴特勒对触摸带来恶心的描写之间没有太大的不同，不同的也只是巴特勒记录的是体验，而克莱恩则给出的是限定。同样，在巴特勒厌恶的视角和将一切亲密都斥责成为某种形式的暴力，所有关系都是在某种形式的枷锁的视角之间，也是没有太大的距离——我们今天也正是

A. 差例子

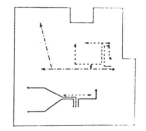

B. 好例子

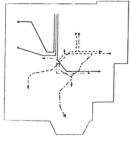

图15　亚历山大·克莱恩于1928年设计的"无生活摩擦的功能化房子"。克莱恩的方法和结论受到了凯瑟琳·鲍尔（Catherine Baur）在其颇有影响力的著作《现代住宅》（Modern Housing）（1935年）一书中的高度赞扬

在这个方向上比19世纪的人更进了一步，我们总是在对"社会"独裁的逃避中寻找自由。在激进精神学中，莱恩医生（Dr. R.D.Laing）用的正是"枷锁"（bondage）一词来描述我们和他人之间的纽带和牵绊的。[23]那么，我们该不该将人与人的关系纽带解开了呢？人类学家爱德华·霍尔（Edward Hall）正是从前文中巴特勒的那段描述中开始从一种"体距学"（proxemics）[24]的角度研究我们对于个体空间被侵犯时的心理反应——所谓"个体空间"，在霍尔那里，指的是在我们的身体周围有那么一个看不见的领地性"安全距离"（a territorial envelope），用来抗拒别人对于私密性的侵犯。[25]那么，我们为什么不在设计时就杜绝个体私密性受到侵犯的可能发生条件呢？对此，在这些和诸多其他行为学和心理学的研究中，研究者们都试图将原本只是近来才形成和成长起来的感觉性归结为对于某种不容置疑现实性的永恒法则。但是，就在这些晚近的感觉性可以被"研究人类纽带的林奈们（Linnaeus）"（译者注：林奈，18世纪时瑞典动植物分类学家）[26]肯定地进行分类之前，这些感觉性就已经沉入人们的遗忘之中了，跟它们一起沉没的还有它们在建筑上曾经对应过的东西。

然而我们却还没有看到谁找到了对家居空间的现代布局的替代方案；的确，近来是有某些设计项目打破了那些共同规定着常规住宅的原则、规则和方法；同时也有多好设计曾试图从同一些原则、规则和方法中诠释出可以用于讽刺和戏拟的东西，或是无望地试图追究这些原则背后的终极价值，但是，这些设计都倾向于只是针对现实的一种评论，是对常规的一种替代，是非主流研究，是对作为对于日常性必要的乏味的暂时逃避。我们到目前为止还没有勇气去直面这样的平常性。然而这么说了，我们还要看到，越来越多试图克服这种平常性的诸多努力意味着我们可能已经接近了最外边缘，不只是建筑中现代运动的边缘（对于这一点，几乎已经没有什么疑问），而是接近了一种在历史中一直延伸到了"宗教改革"那里的现代性的边缘。正是这种感觉性上重要的转移，我们才进入了文明的那个阶段，如今，也正是由于同样重要的一次转移，我们将告别那个阶段。

或许，是这种感觉性上的变化才能解释为何拉斐尔在所有伟大的文艺复兴艺术家当中并没有受到后人起码善良的认可的原因。拉斐尔没有获得用自己的名字去命名一场运动那样独特的名分，反而在去世350年之后，被人们丑化成为腐蚀了大写"艺术"的源头。除了"拉斐尔前派"，到现在为止拉斐尔一般还是被认为是个缺少精神性和知性的画家。苏联诗人马雅可夫斯基（Mayakovsky）同样把拉斐尔单拎出来作为特别批判的靶子："如果你遇到了一个白匪兵，你会把他撂倒在地上，但是你忘记了同样应该被撂倒的拉斐尔。"[27]马雅可夫斯基在1918年那些燃烧的日子里写下了这样的诗句，在当时看来，推翻压迫性的政权只是一系列灭绝中的第一步，这些灭绝最终会走向把专制文化也洗刷干净。或许，最好去遗忘拉斐尔，因为肯定对于"新精神"（the New Spirit）来说，拉斐尔被想起的时候，也只是前进道路上的一块绊脚石——拉斐尔的那些画作上，达人显贵般的圣人们，讨人欢心的穿丝挂锻的圣母们，总是端着宏大没有目的的哑剧架子，那些人物总是伸出手，抓着人，如此细腻地探着身。拉斐尔构图在它们表面的主题故事之上和之外所显示的东西，对于19世纪或是20世纪上半叶的人来说，没有任何意义。拉斐尔的画作体现了人们之间肉体的吸引，能将大家聚集到一起，除了欲望之外没有其他真正的缘由；这种倾向可以包括最为激烈的敌视以及最为温柔的热爱，然而，并不进入私人的灵魂。在这些已经过时的遗作中，体现的不是别的，正是对他者的爱恋。在一个致力于道德、知识和工作的社会里，这种对他者的爱恋似乎只能算是对放纵的微弱托词。现代人的良知觉得此类社会交往的亲密性有些可疑，认为这种东西就是乱爱的借口，或者就是堕落的标志，并因此用"社会化"取代了它。而"社会化"（socialization）跟"社会交往的亲密性"（sociability）是完全不同的东西。

结语

那种串联式房间的网阵适合的是一种钟爱肉体性的社会。在那个社会里，人们会把身体当成人来看待。在那个社会里，聚会闲聊是一种习惯。我们可以在拉斐尔的建筑和绘画中看出这样的生活特征来。这也曾是欧洲常见的家庭空间的典型布局套路，直到17世纪，这种格局才受到了挑战，并在19世纪被有走廊的平面所最终取代，而走廊式平面适合的是一种觉得肉体性有些恶心的社会。这样的社会把身体当成了心灵和精神的一个容器，在这样的社会里，尊重私密性反而成了常规。这种生活模式在19世纪已经如此普及，甚至于这种生活模式已经感染了那些拒绝这种生活方式的人的作品，比如莫里斯的画作。在这一方面，现代性本身就是19世纪感觉性的一种放大。

在得出这些结论的过程中，我们用建筑平面和绘画以及各类文学做了比对。我们还可以给出许多理由去说明为什么建筑可以再次走近艺术，为什么要把建筑从符号学和方法论的手底下解放出来，因为在符号学和方法论的控制下，建筑很大程度上已经消失。然而，这种对于建筑的重塑常常是才把建筑从一座山下解放出来，就又把建筑压在另外一座山下。有时，这种过程是以一种毫不掩饰的方式完成的，比如把建筑直接等同于文学或是把建筑等同于绘画，这样，建筑就变成了词汇或是图形的回音；有时，这一过程是以比较复杂的手段完成的，比如从文学批评或是艺术历史学家那里拣来一些词汇和程序，套用到建筑的身上。结果是一样的：建筑像小说，建筑像肖像，建筑变成了等待观察和反思的载体。当建筑被压上过度的意义和象征性之后，建筑那种对人类生活的直接介入就被可疑地简化成为所谓一种实用性问题。

　　然而建筑跟绘画和写作很是不同，这不止是因为建筑还需要诸如实用性或是功能性这类其他要素，更是因为建筑囊括了日常现实世界，这样，建筑不可避免地就要为社会生活提供一种"格式"（format）。在前文中，我一直试图避开把建筑直接当成是绘画或是写作的。相反，我在寻找另外一种不同的联系：我在平面当中找寻着那些能够为居住在里面的人提供着某种居住方式的前提条件的那些特点，我的假设是，建筑物是可以包容进来绘画所展现的、文字所描写的人类关系中的那些东西的。我知道，这是一个很大的假设，但是本文就是这么一篇基于此信念的文章，所有的话语都是围绕这一信念展开的。

　　这或许未必是解读平面的唯一方式，但即便如此，这样的解读方式通过澄清了建筑在对日常事件格式化的重要角色，它所提供的就不再只是单纯的评注和象征性的讨论。不需要多说，赋予建筑这样一种"后果性"（consequentiality）并不一定会导致功能主义或是行为决定论的再次复苏。当然，如果有人以为在一个平面中会存在着某种东西能够驱动人们在彼此交往时以某种方式行事，给人安装上某种日常闲聊的感觉性的话，那肯定是愚蠢的。然而，如果有人以为一个建筑的平面对于阻止人们去以某些方式行事毫无作用，或者说起码在他们这么做的时候根本不能暗示他们不要这么做，那就更加愚蠢。

　　在过去的两个世纪里，建筑的累加效果就像在社会整体身上实施了整体"前脑叶白质切除术"（lobotomy）那样，已经抹去了社会体验中相当多的东西。这种手法被越来越被当成一种预防性的措施；被当作制造和平、安全和隔离的手段，从它的属性看，就是要限制人类体验的天地——减少噪音传递、层析流动模式、去除气味、根治破坏公物的行为、除尘、防病、遮挡有碍观瞻的事物、遮挡不雅举动、废除不必要的东西；顺便，也把我们的日常生活简化成了一场私人的木偶戏。但是，在这一定义的另外一侧，肯定还存在着另外一类建筑，就是试图给予那些一直在反类型（anti-type）的面具下如此小心掩盖起来的事物以全面发挥的建筑；一种特别痴迷于让人们彼此吸引的那种建筑；一种认可激情、肉体性和社会交往亲密性的建筑。而串联式房间的网阵可能正是这类建筑一个不可分割的特征。

注释

1. 唐尼森（D.Y.Donnison），《提供住宅的政府》（The Government of Housing）（哈芒斯沃斯，1967年），第17页。

2. 2这一点在巴菲尔（Bafile）的复原图上特别成立，但也同样适于拜西埃和封丹的复原图。

3. 由桑加罗重新绘制的一层平面图。

4. 克里斯蒂安·诺伯格−舒尔茨（Christian Norberg-Schulz），《西方建筑中的意义》（Meaning in Western Architecture），（伦敦，1975年）。

5. 阿尔伯蒂，《建筑十书》（The Ten Books of Architecture），列奥尼英译本（Leoni）里科沃特（Rykwert）编辑，（伦敦，1955年），第一书，第十二章。

6. 钱伯尔（D.S.Chamber）曾经对某位枢机主教的家庭做过一次有趣的调查。见"枢机主教贡扎加（Francesco Gonzaga）的居住问题"，《瓦尔堡与考陶尔德研究院院刊》（Journal of Warburg & Courtauld Institute），第39卷，1976，第27至58页。

7. 卡斯提格朗，《廷臣之书》，（哈芒斯沃斯，1967年），第44页。

8. 切里尼自传《本韦努托·切里尼的生平》（The Life of Benvenuto Cellini），（伦敦，1956年），见第110页、第161页、第138页。

9. 格林伍德（W.E.Greenwood），《玛达玛别墅》，（伦敦，1928年）。

10. 萨默森（J.Summerson）编辑的《约翰·索普的建筑之书》（The Book of Architecture of John Thorpe），（哥拉斯格，1966年）。

11. 根特尔（R.T.Gunther）编辑的《罗杰·普拉特爵士论建筑》（Sir Roger Pratt on Architecture），（牛津，1928年），第62页、第64页。

12. 同上，第19页。

13. 戴维斯（William Davis），《慈善家的注意事项》（Hints to Philanthropists）（巴斯，1821年），第157页。

14. 在《牛津英语字典》的"私人的"（Privy）一词下面，可以
发现诸多此类解释。

15. 我是写了此文之后才发现，这种"串联房间的网阵"（the
matrix of connected rooms）跟亚历山大（Chris Alexander）
发表在《建筑论坛》（Architecture Forum）第122卷1965年4
月刊第58至62页，以及1965年5月刊第52至61页的"城市不
是一棵树"里所言的多元连接性（the multiple connectivity）
很是相似。

16. 科尔，《绅士住房》（伦敦，1864年），见结尾那段话。

17. 特纳（John Turner），《建筑师杂志》（Architects' Journal）
1975年9月刊，第3期，第458页。

18. 莫里斯，《有关泰晤士河上游一栋老房子的悄悄话》（Gossip
About an Old House on the Upper Thames）（伯明翰，1895年），
第11页。

19. 特别参见麦克劳列奥德（R.G.MacLeod），《没有了摩克尔的
莫里斯：同代人眼中的莫里斯》，（Moriss without Machail,（as
seen by his contemporaries ））（哥拉斯格，1954年）。

20. 塞缪尔·巴特勒，《众生之路》（The Way of All Flesh）（伦敦，
1903年），第40章。

21. 集体化远非作为私人化的对立面那么简单，集体化就是获
得同样精神均质性的另一种途径，彼得·谢兰尼（Peter
Serenyi）（《勒·柯布西耶、傅立叶与爱玛修道院》一文，
刊登在《艺术公报》（Art Bulletin）第49卷第4期的第227至
286页）曾经关注过在勒·柯布西耶早期对于住宅的建议以
及修道院日常生活组织之间的相似性。在修道院的日常生
活中，独处和集体活动都同样代表着对世俗性的拒绝。

22. 博尔，《现代住宅》（纽约，1935年），第203页。

23. 莱恩，《情之结》（Knots）（伦敦，1970年）。

24. "空间关系学"研究的是人的行为的空间组织。

25. 霍尔，《沉默的维度》（The Hidden Dimension）（伦敦，1969
年），第89至第90页。

26. 正如莱恩在《情之结》一书的"序言"中所言的那样。此书之前已经引用过。

27. 此译文见科普（Anatole Kopp）的《城镇与革命》（Town and Revolution）（纽约，1979年），第208页。

图1　1847年时常见的通铺宿舍（lodging house）局部，也是加文（Hector Gavin）《卫生漫谈》（Sanitary Ramblings）里唯一的一张插图

贫民窟与模范住宅：英国住宅改革以及私人空间的道德性（1978 年）

事非偶然，建筑师罗伯茨（Henry Roberts）早期且颇具影响力的模范家庭住宅（1847—1850年）方案就插在伦敦心脏地区最破烂的圣吉尔斯（教堂）（St. Giles）贫民窟区（rookery）的斯特里特母街（Streatham Street）上；40年后，当伦敦郡议会（LCC：London County Council）在邦德瑞街（Boundary Street）开始实施第一个模范住区（model housing estate）（1889—1900年）计划时也没要把伦敦最后的亚戈贫民窟（the Jago）拆掉，去腾地方。或许，想要看到纯洁是怎么战胜邪恶的欲望已经足以解释模范住宅和贫民窟的生动并置了，但是建筑师罗伯特·科尔因无法在住宅建设上发威而说出的一句偏颇评语倒是点出了在贫民窟和模范住宅之间的联系，不止选址上的那种位置关系。

他说："慈善家们都把最差的例子当成了他们慈善行为所要对照的类型了。"[1]他的这一敏锐观察构成了本文的主题：20世纪的住宅在某种程度上可以说是一场扫荡贫民窟运动大获全胜的遗物，我们如今所言的"体面家居"（decent homes）本是出自贫民窟里不体面的生活。

不道德性的传染

　　19世纪中叶，拥挤的贫民居住条件成了社会批判中严厉抨击的靶子，这种批判为某位作者所预言的"国内立法期盼许久的时代"[2]的到来做好了准备。但是当大胆的调查者敢于光临贫民窟和棚户区去收集数据或是目睹贫穷的悲惨时，他们这么做的目的只是要"黑上加黑"，因为有关贫民窟的悲惨形象（outline）已经鲜明地刻在每一个改革家的良心里——这样的图景，有时会压倒那些描述性证据。1848年，加文发表了《卫生漫谈》。根据迪奥斯（H.J.Dyos）的说法，这是一部针对伦敦东区"贝思纳尔格林"（Bethnal Green）的详细调查报告，[3]也是关于这个维多利亚时代初期形成的贫民窟最为可信的记录。[4]在诸多的表格和地图之中只有一幅插图——画的是一个破旧、拥挤的通铺宿舍楼的场景（见图1）。在文本里，作者写得很清楚，在贝思纳尔格林区根本就没有这样一栋楼，然而这样一幅图画出现在这本书里既不是作者的疏忽也不是欺骗；的确，《卫生漫谈》的根本目的是可以很容易从这样一幅插图中体现出来。插图上画着住人的地下室、拥挤的主层房、满是铺盖的阁楼宿舍，画面所体现的要比文字所能描述的东西多得多。这就是潜藏在慈善业背后的幽灵；这三种类型的室内居住状况代表着某些具体的邪恶。流着粪水的地下室被视为是传染病（zymotic disease）的源头。主层房间（或者说公共厨房）的画面则典型性地描绘着大白天里的各种放纵、醉酒、预谋犯罪的行为。顶楼上的宿舍则成了乱性的巢穴。凑在一起，这些室内场面代表着恶劣住宅终极的邪恶势力。所以，这并不是一幅关于某个真实场所的图画，而是关于某种潜在条件的图画；它是一种旨在显露物质堕落与道德堕落之间亲密纽带的强烈、可怕、恐怖的预感。

　　这两个词汇——"物质"与"道德"——在宣传环境改善的文献中一直是被牢牢地焊在一起的。1840年的城镇健康委员会（the Health of Towns Committee）报告说："除了由穷人住宅条件所产生的物质性邪恶之外，他们的道德习惯也受到了同样因素的影响。"[5]当时，有诸多调查试图找出不健康环境对于穷人道德和物质条件的影响来，追踪的结果证明最低的道德水准总是出自最恶劣的住区和邻里，[6]"肮脏的生活习惯从来都和道德上的肮脏肩并肩"，[7]哪里有差劲的住宅，哪里就有差劲的心灵和差劲的行为。[8]

维多利亚时代所找寻的居住与道德特征之间的密切关联，在很大程度上，还是隐藏在改革派的卫生运动下的，尽管在1850年人们可能就认为改善易传播霍乱的住宅通风条件跟驱除"道德疾病瘴气"是同等重要的。[9]就像人们认为恶臭的雾气是传染病载体一样，道德疾病的瘴气就漂在大都会臭雾出现的地方（见图2）。

　　人们通常把不道德性描绘得就像是一种身体疾病似的，像传染病一样会从某些"道德瘟疫地点"[10]诸如圣吉尔斯、德鲁里巷（Drury Lane）、恶魔地（the Devil's Acre）、雅格岛（Jacob's Island）以及其他十几处伦敦棚户区，以相似的神秘方式传染出来。在那些棚户区里，在长期贫穷和悲惨的人群里会藏着危险人物，他们挤在拥挤且破旧的棚户里，"周围是罪恶和臭气"。[11]人们使用了大量的比喻、暗喻、类比，既带有医学性也带着戏剧性色彩去描述棚户的道德疾病，并经常强调道德疾病有着从棚户区狭窄的居住环境中一下子爆发，感染整个社会的迫切可能。[12]

　　在19世纪40年代，人们首次在城镇里动用了居住建筑去抗击犯罪和疾病这双重邪恶。在这之前，人们只是把穷人住宅当成是针对城郊的慈善行为的边缘性问题，而在城市里，对于道德性的实际控制仅仅局限于监狱、工厂、教堂、贫民儿童免费学校（ragged schools）这类建筑里，就像类似控制疾病的努力仅仅局限在医院建筑里一样。但是到了19世纪40年代，道德与物质条件的改善就发生在日常生活的核心处。当时存在着诸多新奇的论调，像居住条件会在人的生命中"刻下痕迹"的说法，[13]像"穷人的真正学校和唯一可行的劳改场所"就是他们的家的说法，[14]像无论多么简陋每一个家都是"藏着一件珠宝的盒子，应该像珠宝那样弄得体面"的说法，[15]像大众住宅的改善是促进社会进步的工具的说法。[16]在这些言论的背后，都藏着

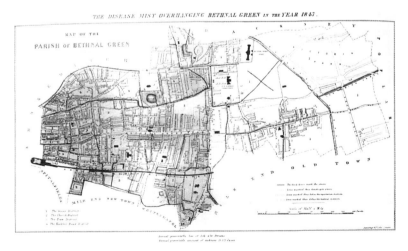

图2　致病臭雾分布图：一张描绘了1847年"贝思纳尔格林"一带状况的地图。根据加文的说法，由粪便臭气和有机物分解所生成的雾气乃是诸多传染病和流行病的成因。这张图上，最不透明区域的中心就在日后被称为"伊亚戈贫民窟"的那个地区

一个信念：既然贫民窟可以打造腐败，那建筑也可以打造美德。

1847年，当《建造者》杂志的编辑乔治·高德温（George Godwin）报道位于伦敦圣吉尔斯的新型模范宿舍开工一事时，他还坚持认为："社会改良进步的一个重要责任就是建筑师的责任。"[17]我们很容易就忽视掉这一陈述的完整意义。大家都知道那些旨在用卫生与通风设施改善物质条件的计划，但是高德温所说的话并不只局限在这么一套技术措施内的，而且，导致新型模范宿舍项目出现的社会也没有仅仅局限在技术天地里。这一项目的规划"展望"宣称这一项目："将提供有利于居民健康和身体舒适的所有条件，同时，努力增强居民的自我尊重感，提高他们道德和思想尺度上的程度。"[18]在当时，这样的话并不只是夸口，然而我们却几乎不清楚道德改善的努力是怎样被转化成为建筑实践的。居住建筑的布局又是怎样抗击了犯罪，提升了精神水准的？接下来，我将调查一下当时改革者们看待人类交往时的那种感觉性，然后他们在建筑上采取了哪些方法去特别迎合他们的这种感觉性，带来了哪些偏见性行为，以此试图回答上述的问题。

道德地理学

有一种已经存在的习惯做法或许只是一种文学性方法，就是把城市当成是一张世界地图，上面有草原、沼泽、沙漠，有已经测绘出来的区域与尚未测绘的区域。这种地理学曾经在19世纪中叶的改革辞令中发挥着作用，不过，当改革家们把大型城镇的城区说得像非洲赤道森林一般漆黑、不可渗透，当改革家们把某些城区的人群说得就像南非黑人（Kaffirs）一般狂野，像南非何腾托人（Hottentots）一般粗鲁，像野人一般野蛮时，这种地理学也并非没有重心上的转移。地理探索者的语言和民族志学家的语言发生了重叠。透过这样一些类比，人们所看到的城市已经是横切过伦理与物质领域的剖面。时不时地就会有交通阻碍被清除出去，但只是为了强调城市的不可穿透性，就像金斯利（Charles Kingsley）所言：

"因为伦敦如此辽阔——因为那里的道德沟壑隔离着伦敦居民的各个阶层——伦敦的几个片区或许应该被当成是诸多小镇的聚合体，而不是一个整体的城市。"[19]

带着一种坚持实现文明化使命的意味，民族志中类比的力量延伸到了言说的形象之外，这或许可以解释为何在1889年会出现一套意义非常的系列地图（见图3）。由查尔斯·布斯（Charles Booth）负责编撰的《伦敦贫穷状况地图集》初看上去只是一些关于住宅条件的地图。虽然是基于挨家挨户的调查，虽然图上深浅不同的色块只是在标注着居住建筑的开发程度，这些地图所标志的却不是建筑肌理的破败，而是居住者的破败。在布斯的分类中，阶级、收入、道德性的分类都融为单一的渐变分类，从"上层中产阶级、上层阶级——财富"，到"低等阶级——邪恶和半罪犯"。在美德、财富、绅士性，或者在犯罪、贫穷、粗俗性之间的假定对应关系被拉得如此靠近，而这些特征也跟房子如此密切地联系了起来，这样，这些地图只能被读作一种共时性的图表，其中对应着：财富的分配；阶级差别；各种道德特征；好的、坏的和不好不坏的住宅。[20]《伦敦贫穷状况地图集》将城市的物质模式与其中居民的社会与道德状态用一种前所未有的方法论勇气给连接到一起。这本图集肯定了长期贫穷和危险阶层[21]很容易聚居在某些明确的飞地里，有着跟城市其他部分很是不同的模式——自从19世纪40年代以来，人们就把这一观点当成了理所当然的事情。虽说这种观点本身并没有讲出什么新东西，不过，对于维多利亚时代的改革者们来说，这一观点里有着我们今天所理解不到的东西。在城市的尺度上，在能维护道德的格局与诱发粗鲁的格局之间，存在着可以辨析出来的差别，这些城市尺度的差别可以在更小的尺度上，同样自明的差别相比较。这样，在建筑被标榜为艺术的那个范畴之外，在建筑更为广阔的社会天地里，建筑可以被解读成为一种有关道德状况的物质实体地理学：房子的格局记录着家庭的道德状况，街道格局记录着一个社区的道德状况，而城市则记录着更大的社会道德状况。早期的住宅慈善机构怀有一个很能说明问题的目的。他们就是要用一种新型的净化的居住方式去取代作为堕落符号和堕落成因的那些住宅。要想理解这些慈善组织的奇异实验，我们有必要去理解他们所认为的公共和私人空间的道德地理学。

图3　1889年查尔斯·布斯编辑的《伦敦贫穷状况地图集》，伦敦西北区。图上最深色彩标注的是被"底层阶级居住的住宅——对应着邪恶的半罪犯等级状态"

住宅——府邸与棚屋

虽然伦敦的棚户区是由许多脆弱的棚子和乱建的临时房屋所构成的，它们中间也有一些当初曾经不错的好房子、大房子，只是后来才开始破败，住满了罪犯、妓女、无赖、乞丐的；诸多的调查者包括毕米斯牧师（The Revd Thomas Beames）都注意到这个事实，毕米斯在《伦敦棚户区》一书（1851年）中写道：

"这样，在大都会最为肮脏的街道旁也会存在着那么一类房子，里面的房间很敞亮，天花装饰得很美丽（虽然装饰表面所镶嵌的烫金已经剥落了）。那些壁炉的造型即便是今日也会成为雕塑家学习的对象。在许多房间里，仍然残留着上一个时代里人们所喜欢的繁复雕刻。"[22]

然而，这样来自富足过去的宏伟建筑遗迹不再被认为就比棚子更适合它们当下的使用，倒班工睡觉的棚子已经盖满了院子和花园。

在棚屋和府邸之间存在着两个共同的特征，使得它们都不适合作为维系道德的居所。首先，它们都为进出建筑和穿越房间一路畅行提供着无数机会，"这样，谁都能有诸多不同的路径进入这里的每一栋公寓"。[23]韦尔（W. Weir）说过，在伦敦圣吉尔斯丘奇巷（Church Lane）附近，有着最出名的贫民窟，里面有着最不健康的住宅区。"仿佛一块大石头被虫子啃出无数小洞，那里就成了人们的家，它们彼此有连接的通道。"[24]面对一堆令人迷惑且难以辨认的过道、房间、门、楼梯、房间的网络，人们就很容易在那里偶然迷路，就像故意要迷路似的。于是，索罗尔德牧师（The Revd A.W.Thorold）在"老式的破旧公寓"内试图寻找一位虔诚的肺结核教徒时转晕了方向，他发现"建

图4　乔治·R·希姆斯（George R. Sims）1883年出版的《穷人是如何生活的》一书中贫民窟里一个楼梯处的场景

图5 古斯塔夫·多雷（Gustave Doré）1872年出版的《伦敦：一次朝圣》中的从布鲁尔大桥看过去的场景

筑的每一个角落都挤着住宿者"，他从一个错误的缓步台上进入了一个错误的房间，闯进了一位盗狗者的巢穴。[25]与此同时，警署记录中描绘着诸多巧妙的逃跑路径：暗道、阴井口、小径、高处的檐口，甚至还包括了一道由躲藏警察的犯罪者钉出来的假墙。[26]你无法肯定某人到底会在何处（这是让社会调查者、讨债人、改革家和警察们都头痛的地方），但你可以肯定，无论那人做了什么，旁边都会有一堆邻居窥见过。梅休（Henry Mayhew）、查尔斯·狄更斯（Charles Dickens）、韦尔、希姆斯、奥克塔维娅·希尔（Octavia Hill）都曾为大多数废弃住区里白天晚上都敞着门的习惯表示过惊讶。

对于梅休这样的讲故事人来说，敞开的门意味着房子内的生活将如画般展现在街道的舞台上。他是这样描述一处爱尔兰人的住区的："因为通向房子内部的门几乎都是敞开的，我一边走，一边就能对这里的室内家具获得某种印象。"[27]但是对于奥克塔维娅·希尔来说，仅仅从门外走过就得出结论则体现着对有关贫穷和人的基本原则的忽视。[28]要区别一个家庭与另外一个家庭、区别一种活动与另外一种活动、区别一个单元和另外一个单元并不容易，建筑身上那无休止的相互贯通也对应着外观很难彼此区别的贫穷生活的结构。

其次，棚屋和府邸都已过度拥挤，每个房间很容易被二次转租。一室住房曾经是调查的主要对象：对于改革者们来说，一室住房代表着居住建筑的最低限度，不仅是因为里面住的人太多，不舒适，也不仅是因为它们是一种有害健康的危险，"而是因为在卫生意义上出现的拥挤，几乎总会带来某种在道德意义上的更大危险。"[29]在一个拥挤的房间里，日常生活的所有细节都没有了隐私，都成了大家知道的事情。那些本来该讲究端庄和得体的事情——诸如烹饪、更衣、睡觉、工作、清洗、洗澡、拉屎、撒尿、性交、死去、出生——都在没有一件家具却从来"不乏满屋子人"的面前发生，[30]在这样的环境下，既不会保有舒适，也不会保有天真。的确，在这样生猛的体验共享中，人们会常常假定只有犯罪才容易滋生。[31]

住宅文献充满着对亲密的危险的影射，其中，关乎男人女人、父母与孩子、长与幼、住户与亲属、熟人与陌生人，他们在同一张床上、同一地铺上，或是同在床下，发生着人们所能想得到的各种排列和组合。调查者本该只讲述过度拥挤的可怕实例，可是他们同样关心在狭小空间里多具人体叠到一起那很是明显的不舒适感，以及肌肤相贴之后的道德风险。例如，下面的文字就是出自某位教区医生对位于格雷客栈路（Gray's Inn Road）上廷德尔楼群（Tyndall Buildings）8号的记述：

"在一楼前面的这个房间里，诸位房客是这么住的：一个男人和他的妻子以及6个小孩住在左角上——2个小孩睡在铺上，4个小孩睡在铺下；要注意的是，我们这里所描述的所有

图6　位于圣吉尔斯的一处"地下室场景写生"。一室住宅，门直接开向街道

人都没有睡在架子床上。在孩子们的脚下，睡着另一个单身男人。在这家人的边上，又躺着一个男人和他的妻子及4个孩子，其中包括一位15岁的女孩。在这家人边上，是一个寡妇，带着4个小孩，其中的一个孩子岁数很小。另外几位包括一个18岁的姑娘，一个16岁和一个14岁的男孩。在这家人的脚下，躺着一个男人和他的妻子及3个孩子。在这么一个13英尺（4米）长、11.5英尺（3米）宽、7英尺（2米）高的空间里，住着26人！这里的租金是每星期2先令6便士"。[32]

　　说起来，睡觉是性爱的一个条件。维多利亚时代的艺术家们发现要描画人物处于清醒状态的性感最为困难，因此他们常常喜欢描绘慵懒沉睡诱人的人物形象，一个重要的原因就是因为处于沉睡状态的人体也敞开了自己，毫无戒备可言。同样，为议会委员会准备的医学长官报告以及住宅宣传册上都会给出对棚户区房间里床位和睡觉人的精确分布状况的仔细调查。这些调查用一套特别客观的手段，去佐证那些秘密的怀疑。为了在"过度拥挤"和"犯罪"之间打造一种联系，人们有必要去求助心理学——查看一下在平常状态下心灵暴露给"极端粗俗"之后所产生的不良联想等后果。[33]但是，在过度拥挤和性行为之间的联系则无需解释。改革者们由此见到的幽灵就是彻底的身体放纵，堕落到习惯性乱交甚至乱伦的地步。[34]造访者们会用毫不畏惧的关注力去关注细节，去报告睡位安排，看棚屋里的人到底是裸体、"近乎赤身"还是"穿得很少"，因为对他们来说，那是"不雅"的另外一种可怕证据：

　　"当我们走进去之后，迎面见到一群围在壁炉周围半裸的男人女人。眼前是个上了年纪的男人，处于半裸的状态。另外一个中年男人，差不多也是半裸着，当我们进来时，他就躲到隔壁房间里去了。那个房间没有门，我们可以看到地上摆着2张或是3张床。"[35]

　　不过，现实的真相只能够来自有些悔意或悔意全无的坦白。

尽管愿意坦白的人很少，伍德（J. Riddall Wood）还是曾把几位妓女的堕落源头追溯到她们的家庭根源上去。其中有位妓女说："她是和她结了婚的姐姐、姐夫睡在同一张床上的；这样，边上就是不当的性交，从那里，她逐渐变得越来越堕落。"[36]

多人同处一室甚至两室的生活性暴露、混杂与肮脏，由此带来的道德缺失，它们都成了描述贫穷时的中心主题。气愤与怜悯之余，这样的描写也为改革者们试图通过居住建筑改造道德的努力提供了一把钥匙。既然可以把贫民窟的道德问题追踪到那里过多的入口、出口，没有间隔的房间里不加分别的使用方式，那么，改革的建筑就应该通过规定流动路线和划分空间来发挥作用。

为了迎接1851年的世博会，在查德威克的干预下，在沙夫茨伯里勋爵（Lord Shaftesbury）的支持下，在阿尔伯特王子（Prince Albert）的赞助下，建筑师亨利·罗伯茨在"四户式模范住房"展区首次将身体和灵魂的居住需要转化成为一栋彻底协调过的建筑（见图7）。这一时期正是住宅慈善业蓬勃兴起的初期，该设计对空间面积和服务设施的慷慨配置在实际推广过程中被不可避免地变得简化些，[37]然而模范住宅代表着，一个示范项目也只能够代表着，建筑是可以调动各种方式去抗击低级生活的。在平面上，该设计里植入了两种关键性的分隔：一种就是家庭之间的分隔；另一种是每个家庭内部成员之间的分隔。

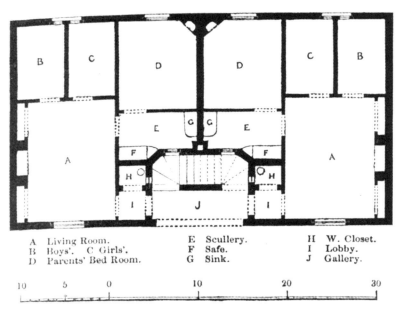

A	Living Room.	E	Scullery.	H	W. Closet.
B	Boys'. C Girls'.	F	Safe.	I	Lobby.
D	Parents' Bed Room.	G	Sink.	J	Gallery.

图7　1851年罗伯茨设计的"四户式模范住房"平面

家庭关系与两性关系

四户式模范住房的核心是个有必要升到几层就能升到几层的"露明楼梯"（open-stair），围绕着这一楼梯，两侧对称布置着两户人家。如狄更斯所注意到的那样，把楼梯从公寓内部挪到外侧是一种新奇的手法，这样，可以帮助通风，并且能够帮助每个家庭"进入自己家的时候不必穿越邻居的门"。[38]楼梯这种独立于每家每户之外的布置方式等于把楼梯牢固地置放在公共领地之内。楼梯那不可独占的交通空间在每个家庭之间铺设了一条中立的空白地段。家庭是安置在它们各自独立的领地内的，跟邻居的领地不贯通。为了达到这一目的，每套公寓里都提供了厕所和有自来水的厨房。在当时，即便是城市里的中产阶级也会觉得这是难得的奢侈配置。这种家庭公寓之间的隔离被认为是在流行病爆发时一种有效的防疫隔离方式，但也有人认为这是导致穷人当中走向尚未形成的家庭生活内向化方式的先决条件。出于这两种原因，查德威克建议为底层家庭建造不挨着的独立住宅，他在穷人那里观察到，"他们居住的地方噪音巨大，开心的时候就一阵狂笑，愤怒的时候就极端狂吼"，一般而言，穷人缺乏克制。[39]

在内部，模范住房被划分出1间起居室，3间分别属于父母、男孩们和女孩们的卧室。通向每个卧室只有唯一的门，以便保证不会有穿越的通道。早在1797年，改革派地方法官威廉·莫顿·皮特（William Morton Pitt）就建议，出于得体的考虑，郊区农宅应该实施拥有3居室的标准。[40]到了1851年，很多人包括加文都开始拥护这一标准：

"卧室缺陷所带来的一个不可推脱的邪恶后果就是道德水平的低下。在一个有少男少女两性开始成熟的家庭里，本应最为小心地保持那些微妙的感觉。卧室缺陷会造成这种微妙感觉的破碎。"[41]

这个"第三点"是重要的，因为它提倡"家庭之间的隔离，隔离也是保护道德性和私密性的基本条件"；[42]换言之，在家庭内部实现两性隔离以及对赤裸的屏蔽，就能修剪到家庭生活微小的核心结构。还有，这些房间和起居室之间的建筑关系折射着父母的权威以及在一个体面家庭里合法性交的合宜。孩子们的卧室可以从起居室直接进入，这样，父母不必跟孩子睡在同一个房间，"父母就有机会施展对于孩子所拥有的监管权"。[43]不过，父母的卧室要穿越厨房间才能进入，"这样的格局在诸多方面要比从起居室进入更受青睐"，[44]因为这个位置上的父母卧室变得更加隐蔽，可以躲开孩子们天真或好奇的眼睛。

这样，通过对家居空间的命名和细分，通过将房间之间进行仔细筛选后的关联，用加文的话说，建筑将提供"改善人们道德和社会水准所必须依赖的完整基础。"[45]在罗伯茨所设计的模范住房身上，他用新型空心砖建造方法，通过吸音，强化着平面的分隔效果，虽然空心砖砌体最初在他跟查德威克的合作研发中只是一种卫生手段：

"有了空心砖做的地面和薄隔断，孩子的蹦跳、哭喊、大笑、音乐、谈话，都不会太过清晰地传过来，每个房间里的居住者就会享有完美的私密性。"[46]

当然从维多利亚时代人的立场看，有道德的家庭就该是在外部和内部关系上都私密的家庭，但是我们要说，在所有的私密性设计中，无论做得"多么完美"，总还是出现了一种意外生成的交流结构。因此，墙体和门成了改造人的建筑形构（configuration）中的决定性要素；墙体成了一种隔绝（sequestration）的一般化方式，门则赋予了私人关系以一种具体化结构。

在每一个房间内部，家具和器具（在当时真正的穷人家里这些东西还并不常见）标注着家庭活动更为精确的地点和场景。所以在模范住房的陈设，跟贫民窟里到处充满着生命、混杂、叠加的地盘，形成了鲜明的对照。虽然对于家庭的建筑上再定义和隔离可能拯救那些尚未堕落者，甚至可能约束已经堕落者所面对的诱惑，平息他们的冲动，可是改良化的房子本身显然不能仅靠自身就能纠正习惯了贫民窟生活的人的习性。后来，这一看法就固化成为一种信念，"人们的习惯和品味在很大程度上是抗拒改造的"。[47]不仅那些穷人"家庭"积极反对将他们家庭里关系复杂且人数众多的成员们分散到独立的床上和卧室里去，而且那些住进了模范住房的家庭仍然坚持挤在一个卧室里入睡，让第二卧室空着；[48]同时穷人住户普遍抱怨模范住房里对于住户行为的规则要求太多；[49]以前不卫生的作法被一路带入这些很卫生的房子里去，使得模范住宅里仍然拥挤，固定设施仍然受到破坏，公共楼梯间仍然被乱建，而且出现了供大于求的现象。模范公寓甚至整个模范街区都受到了冷落，空在那里，而旁边的房子里则人满为患……而造成这种景象的原因并不仅仅因为人们贫穷，负担不了高房租，1857年2月7日的《建造者》上对这一现象给出了这样的解释：

"要在大型城镇中为劳动阶层提供住宅，重要注意事项之一是要清除现有的偏见。只要偏见在，就很难说服那些习惯了某类居住模式的人去搬到明显更好的房子里去改变他们过去的生活；只要有偏见在，那些拥有劣等住宅的人，才能在和伦敦已经建造的模范住宅的对比中，以某种程度胜利者的眼光，总会提到他们的房子如何被穷人租户所称道以及他们房子的诸般好处。"

这里，作者用廷德尔楼群里那些"最难改造的居民"的故事去说明真实的状况。我们在前文中已经转述了教区医生对其中8号楼的记述。而下面高德温的这篇社论则写下了伦敦大都会协会试图改造这一地区的行动发生之后的情形：

"很不幸，大都会协会没有能够在法庭上全部买下这些房子，这将在方方面面带来诸多麻烦和困难。不过，我们已经开始了必要的修补和改造——为它们安装了水箱和冲水马桶；清洁了地下室，修理了通风系统，每个房子里都有了盥洗的地方，将要出租给家庭的房间都审慎地布置了分隔；事实上，外貌的改动以及整个街区健康条件（wholesomeness）的改变才是值得惊奇的，不过，仍有好多住户似乎依然反对这样的资助计划。房主之前在房子处于破旧和废墟状态的，却并不困难收租。奇怪的是，现在条件好了，房租却难收了；好多家门都上了挂锁（padlock），住户已经退房了。这样一类对于健康和舒适条件的自愿和无知的蔑视，唤起了人们复杂的情感，有担忧，也有怜悯。"[50]

显然，人们并不总是很愿意配合，部分是因为在改革者和穷人之间存在着一种明显的隔阂，但这还不是问题的全部。

事实上，对现有居住习惯的抨击乃是住宅管理的另外一面。甚至就连罗伯茨都想到过有必要为他的建筑提供一本《家庭改良》手册，指导穷人改变生活习性。改革者们遭遇到的是住户们的缄默；历史学家们看到的是穷人自己在面对恶劣的居住条件时从来没有采取政治骚动。[51]

如果我们把穷人的沉默和他们对旧习惯的坚持仅仅解读成是对现状条件的满足的话，那样的理解将是愚蠢的。不管改革者们有多少澎湃的热情都无法掩盖改革者和穷人之间的沟壑。改革者们原本以为最初顺从地住进了改善性住宅的住户会用感恩之词来填补这道沟壑。我们也就只能猜测那些来自贫民窟的居民们也知道他们要做出选择的，并不仅仅是在好住宅和差住宅之间的选择，而是在两种极端不同的生活方式之间的选择。

慈善住宅的缔造者们都是一些试图通过他们晚近提炼出来的形象想去重塑底层百姓的中产阶级改革者和专业人员。通过住宅，他们将穷人家庭置放在一个秩序井然的家的"安逸、和平、舒适"[52]的中心；由此，他们希望将穷人从街道上拉回来，从公共场所拉回来，从娱乐和夜生活的地方拉回来，将家庭孤立起来，分析家庭，碾压家庭，直至把喧嚣、激情和暴力从家庭中挤压出去。终归这就是改革者和专业人员隐含的目的。在一次面向英国皇家建筑师协会（RIBA）的不太明智的演说中，罗伯特·科尔曾经提出，给穷人设计的住宅应该就是一个大大的房间，因为他们就喜欢那样的生活，喜欢整天从前看到后，前门从早敞到晚。科尔批评了罗伯茨和沙夫茨伯里勋爵所倡导的"三室住宅信条"。但是建筑师协会根本就没有对科尔的演讲做出积极反应。克拉克（T. Hatfield Clark）在总结了建筑师协会的反应之后，告诉科尔说："就因为穷人一般而言喜欢住在一个大房间里，那些改造穷人居住条件的人就不能够提供给他们更多的房间，就不能够提供给他们住得更好的一个概念，那是个谬误。"[53]

另一方面，科尔在受教育者所要求的细腻的现代私密性[54]和底层人民所喜欢的粗放的共享性之间做了区别。他认为，敏感过度的慈善家们把穷人的不拘小节和粗线条的行为误读成为堕落，因此科尔认为，还是他设计的穷人住宅更加经济。他的观点中肯定包涵着某种倒退的成分：他的这种言论只能说是对过去的一两声呼唤而已，因为改革派已经走向了未来。罗伯茨设立的那些标准虽然在19世纪的工人住宅里很难推广，只有让人羡慕的份儿，这些标准最后多还是渗透到了住宅设计的常规做法中去了，其中的某些标准也早已被更加精确的设计标准所取代。

在进步派这里，梅休在一本题为《不管好不好，家就是家》的小册子里，深刻地指出了私密化居住生活的崛起以及家庭空间细化的可信原因：

"对那些不必为生计发愁的人来说，家居舒适所带来的享受并不大，这样的人更爱社交。而那些干了一天累活回家的人，家居的舒适就变得更加重要。"[55]

他看到，在上层社会和底层社会的人士中都有对社交和娱乐的更大渴求——只是在社会底层，这种渴望尚未从繁重的强迫劳动中展示出来。对于梅休而言，人们不需要什么想象力就可以看到在劳动人群和住房优良的人群之间的联系。只是改良住宅比那些必需的宿舍来说尚未构成对天天辛劳者的某种回报。

住宅改革家们首先面对的是家庭住宅（在某种较轻的程度上，关注了宿舍建筑）。通过这种方式，他们在一个仍在恶化的社会地景中试图提供一个道德的目的地。他们的目的是要把社

图8　1800年左右发生在圣吉尔斯的爱尔兰人守灵时的幽默场景

图9　一个维多利亚时代家庭的午茶场景

会从公共场所吸引到私人场所中去，然而这里还存在着另外一种努力，就是以同样的语言和技术架构赋予公共空间以一种道德性结构。"住区"就是这两种操作的组合形式。

注释

1.《英国皇家建筑师协会会报》(RIBA Transactions)，第一系列，第xviii卷，第40页。

2. 乔治·R·希姆斯，《穷人是如何生活的》(How the Poor Live)（伦敦，1883年），第6页。

3. 迪奥斯，《维多利亚时代伦敦的贫民窟们》,《维多利亚时代研究》(Victorian Studies)，第xi卷，第5页。

4. 亥克特·加文，《卫生漫谈》（伦敦，1848年），第68页。不过，加文关心的是某些客栈和啤酒店开始变成了宿舍，"此类情形在一个小尺度上展示了宿舍房常见的邪恶"。根据沃尔（A.S.Wohl）的说法，这幅雕版画最初发表在上一年有关费尔德巷（Field Lane）的小册子里[见《永远的贫民窟》（The Eternal Slum），伦敦，1977年]。

5. 引自《建造者》（The Builders），第i卷，1843年，第32页。

6. 见加文，《工人阶级的居住状况》（The Habitations of the Industruak Classes）（伦敦，1851），第69页以及该书其他部分。加文为了说明这一问题汇聚了26种资料。

7. 见爱德芒德·贝克特·丹尼逊（W.Beckett Denison），《关于模范宿舍房》，发表在英格莱斯特（Ingrester）编辑的《梅莉奥利拉》（Melioria，译者注：拉丁语中"让某种事物变得更加美好的意思"）（伦敦，1852），第182页。

8. 约翰·诺克斯（John Knox），《一无所有的大众》（The Masses Without）（伦敦，1857年），第182页。

9. 引自加文《居住状况》（Habitations）一书第71页中沃斯利牧师（Revd H. Worsley）的话。

10. 查尔斯·狄更斯，《住居世界》第i卷第297页的文章"恶魔地"。

11. 罗伯特·罗林森爵士（Sir Robert Rawlinson），《论百姓居住条件中的社会和国家罪恶》（伦敦，1883年），第2页。

12. 见托马斯·比姆斯，《伦敦贫民窟》（伦敦，1851年），第120页；见阿伯利·布斯（Abry Booth）写给《建造者》的信，刊在该杂志1843年本第i卷，第235页；见希蒙斯（J.C. Symons），《针对危险阶层的条件和处理手段，给〈泰晤士报〉的建议》（Tactics for the Times as Regards the Condition & Treatment of the Dangerous Classes）（伦敦，1849年）第1页。

13. 加文，《居住状况》，第39页。

14. 罗林森，第3页。

15. 加文，《居住状况》，第24页。

16. 亨利·梅休，发表在《梅莉奥拉》一书中"不管好不好，家就是家"一文，第262页。

17.《建造者》，第v卷，1847年，第287页。

18. 见《展望》（Prospectus），改善劳动阶层条件协会（Society for Improving the Condition of the Labouring Classes）（伦敦，1857年）。

19. 加文，《卫生漫谈》第4页。

20. 查尔斯·布斯，《人民的生活与劳动》（Life and Labour of the People），第x卷（伦敦，1903年）。

21. 19世纪后半叶，人们一直在使用"危险阶层"（dangerous classes）的提法。希蒙斯将之定义为"不只是那些罪犯、乞丐和令社会憎恶的人，还包括那些受到这些人传染和持续熏陶的那个周围群体"。希蒙斯，第1页。

22. 见比姆斯，第22页；罗林森，第9页;《更深的深度》,《颤抖》（The Quiver），1866年，第vii期，第497页。

23. 比姆斯，第46至47页。

24. 韦尔，《圣吉尔斯的前生今世》,《骑士的伦敦》（Knight's London），第iii卷，一版，1841——1844，第267页。

25. 索罗尔德牧师，《星期日在家》（The Sunday at Home），日期不详。

26. 开洛·薛士尼（Kellow Chesney）在《维多利亚时代的地下世界》（The Victorian Underworld）一书（哈芒斯沃斯，1972年）第124页至136页就特别生动地提到了警察对于贫民窟生活这一面的侵扰。

27. 亨利·梅休，《伦敦劳动者与伦敦贫穷者》（London Labour and the London Poor），第i卷，第110页。

28. 贝尔（E.Moberly Bell），《奥克塔维娅·希尔》（伦敦，1942年），第81页。

29. 约翰·西门爵士（Sir John Simon），转引自沃尔《人类居住的不健康状况》一文，该文收录在迪奥斯和沃尔夫（Wolff）编辑的《维多利亚城市》（The Victorian City）第ii卷第613页。

30. 加文,《居住状况》,第32页。

31. 赫尔（James Hole）,《工人阶级的家》（Homes of the Working Classes）（伦敦,1866年）,第22页。

32. 罗兰德·多比（Rowland Dobie）,《有关圣吉尔斯的一段历史》（A History of St Giles）不列颠图书馆所藏交错格式本,其中的剪报"伴随教区医生维特菲尔德（Whitfield）对夏洛特楼群与廷道尔楼群的一次探访",日期不详。

33. 赫尔,第20页。

34. 见沃尔,《性与共处唯一一室:维多利亚工人阶层的乱伦现象》,收录在由沃尔编辑的《维多利亚家庭》（The Victorian Family）（伦敦,1978年）。

35. 见《影子》一文,刊登在《午夜场景和社会性摄影》（Midnight Scenes and Social Photographs）（伦敦,1858年）第5页。

36. 见1848年《上议院辩论文件》（House of Lords Sessional Papers）第xxvi卷,第126页;引自派克（E.Royston Pike）,《不列颠工业革命的人类生存报告》（Human Documents of the Industrial Revolution in Britain）（伦敦,1966年）第288页。

37. 约翰·内尔森·塔恩（John Nelson Tarn）,《19世纪不列颠工人阶级的住宅》,《英国"AA"建筑联盟学院文集》（AA Papers）:1969年,第iii卷,第7期,第228至339页。

38.《本迪戈·巴斯特先生（Mr.Bendigo Buster）论模范住房》一文,刊登在查尔斯·狄更斯编辑的《说说住房》（Household Words）第iii卷第338至339页。

39. 见《查德威克文集》（Chadwick Papers）,伦敦大学学院手稿第30号,55项。对芭芭拉·朱（Barbara Chu,译者注:音译）能提供此参考文献,特表感谢。

40. 威廉·莫顿·皮特,《一次针对造成居住缺陷的土地利益等问题的演讲》（An Address to the Landed interest on the deficiency of habitation, etc.）（伦敦,1797年）第21页。

41. 加文,《居住状况》,第41页。

42. 亨利·罗伯茨，《为世博会建造的四家庭模范住房》（Model Houses for Four Families Built in Connection with the Great Habitation）（伦敦，1851年）。

43. 同上。

44. 同上。

45. 加文，《居住状况》，第30页。

46. 查尔斯·狄更斯编辑，《说说住房》第iii卷，第340至341页。见《建造者》，第vii卷，第343页，在芭芭拉·朱看来，查德威克早就想过要展示这一新奇的孔洞系统（cavity system）。

47. 见路易斯·迪布丁（Lewis Dibdin）《穷人住房》一文，发表在《每季综述》（Quarterly Review）1884年1月版第146页；此文收录在鲁宾斯坦（Rubinstein）编辑的《维多利亚之家》（Victorian Homes）一书中（伦敦，1974年）第177页。

48. 利昂·弗舍（Leon Faucher），《1844年的曼彻斯特》，《维多利亚之家》第261页。

49. 见英格莱斯特（Ingrestre）编辑的《梅莉奥拉》第165页；见《英国皇家建筑师协会会报》1866年、1867年第一系列，第xvii卷。

50. 《建造者》，1867年2月7日刊，第xiv卷，第77至78页。

51. 恩尼德·高尔第（Enid Gauldie），《残酷居住条件》（Cruel Habitations）（伦敦，1974年），前言，第xvi页。

52. 梅休，《梅莉奥利亚》，第263页。

53. 见《有关为城镇穷人提供住宅的问题》一文，刊登在《英国皇家建筑师协会会报》1866年、1867年第一系列，第xvii卷，第39至59页。

54. 罗伯特·科尔，《绅士之家》（伦敦，1864年）。

55. 梅休，《梅莉奥拉》，第261页。

图1 在英国"AA"建筑联盟学院展览厅里展示的Fin d'Ou T Hou S模型和展览装置

"并不是用来包装的":关于在英国"AA"建筑联盟学院举办的埃森曼 Fin d'Ou T Hou S 展览的一次综述(1985年)

面对彼得·埃森曼(Peter Eisenman)的作品时(见图1),我发现我很难评论。这里,我要评述的具体作品乃是发生在一栋立方体小房子身上4步转换生成的系列模型和图纸。这样的东西与其说是有意义,不如说是有特点。它并没有开拓出一片新天地来,但,这还不是困难的所在。困难的所在乃是"书写"(writing)。现在,我就在"书写"着这么一个声称自身具有"书写"地位,并且还告诉我们,它是不可以脱离那些描写这一作品的那些"书写"[就是尼娜·霍弗(Nina Hofer)与杰弗里·凯普尼斯(Jeffrey Kipnis)写的那些文章]去被阅读的作品,此外,就因为它是埃森曼的大作,受到了来自埃森曼自己和其他人诸般书写的保护。这些来自别人的书写在语调上都显得具有高度批判性,然而这样的书写似乎没起什么作用,它们大多数还是转移到了埃森曼用自己建筑写作所充斥的那个术语和实例的小"动物园"里。这些写作,与其说是批判性的讨论,还不如说更像是一种细菌感染的过程。

在这样的环境下,"对立"仅仅变成了另外一种形式的"肯定",在书写的众多文本中再加进点文本。那么,怎样才能挣脱如此巧妙设下的不情愿串供的陷阱呢?我们强烈地倾向于把围绕着埃森曼作品的书写拆解成为一种姿态。在英国皇家建筑师协会最近举办的一次讲座上，埃森曼正在大谈"在场的不在场"（the absence of presence）和"不在场的在场"（the presence of absence），听众席上有位协会成员起身准备离场，他正好经过幻灯机的前方，此人被拉长的影子在如此凑巧的时刻暂时遮挡了屏幕上幻灯机投过来的影像。这个动作精妙而具体地展示了什么叫做"在场的不在场"和"不在场的在场"。这个动作连词汇或是书写都没用到，它可以被视为是迄今为止最有效的批判。全场的其他观者当然都这么认为，尽管大家更多的是看重这个动作的说明性而不是其中的思想内涵。

或许观众们不该在埃森曼面前笑场。在美国东海岸知名一代的建筑师里，或许只有埃森曼和海杜克（Hejduk）二人不该受到此类不敬的对待。不过，这二人却常常以相似的方式把自己放在了令人不敬的位置上：海杜克的那些诗，让人不忍猝"读"，埃森曼的文章；让人难以消化。而我在此想要找寻的，正是书写的角色，书写是怎样成为埃森曼建筑的一种模式，那些白纸黑字为什么看上去像在提供着走入埃森曼创造的隐秘物体的一种入口时，却在很是相反方向上发挥了作用：正是词语，让词汇所描述的物体变得隐秘起来。

在过去20年间，埃森曼发表了大量的长文。此人知书达理。虽然他的有些文章是跟他自己的项目绑在一起的，他的其他文章显然是独立于他的项目的，比如他所撰写的关于特拉尼（Terragni）的文章——《物体的逃逸性》（the futility of objects）与《古典的终结》（the end of the classical）。埃森曼的这些文章无一例外地都涉及了立场的建构和保持，就是对某种立场的确定。这些文章都是阐述性和说教性的，这样一来，尽管这些文章可能会提出了一些问题，尽管问题当中还夹杂着表现出来的怀疑，这些怀疑和问题本身都是立场建构的构造元素。那么，对于这些文章的目的也就没有什么问题和怀疑了，因为这些文章聚在一起都旨在劝告我们什么是建筑作品、建筑作品的作用是什么、像什么。例如，《物体的逃逸性》一开始就像是一篇宣言，它声称"存在着一种新的感觉性"，然后就开始描述什么是这个新感觉的典型表达，结果，这种新感觉的典型表达恰恰就是埃森曼自己作品当时所标榜的东西。从一条完全独立的探索路线开始，埃森曼最终还是抵达了同样一套结论——一套法庭辩论中陈旧的戏法。还有，这也是建筑师写作的方式：他们的写作总是充满戒备性和攻击性，仿佛词语就是发起进攻和保护阵地的秘密军事行动的一部分。而埃森曼的写作只不过比其他建筑师的写作显得更加宽泛、更加热闹、更加坚决罢了。在这方面，唯一真正能和埃森曼有得一比的人是文丘里（Venturi）。

如果埃森曼说他的建筑是书写，我要说，他的写作就是一部装甲车。那书写准备保护什么呢？他的建筑吗？这倒是一个功能性的解释。在包装之内，在外壳以及难以进入的困难之下，是作品。功能性解释倾向于制造一种令人信服但在很大程度上乃是愚蠢的自明性（fatuous self-evidence）：建筑师们从事建筑写作的目的就是去保护自己的作品，评论家们从事的建筑写作目的就是去揭露建筑作品。这样的公式代表着一种有限和部分的真实。像所有功能性解释一样，这样的解释事先假设太多，对事实的认识太少，并且，也不够宽容。然而，埃森曼的写作中的确充斥着这种保护和推诿的策略。他不断使用着晦涩和技术性的术语，将意义从任何句子里抽离出去。他声称，他从更高的权威（数学、语言学、哲学）那里获得了支持。近来，他用于抗拒听众和读者的手法使得评论家也很难抓住他的尾巴了：他会放烟幕，会虚张声势，会逃避。

保护常常是双向的。"动物园的官员们"所喜欢炫耀的那些陈旧的笼子和带着铁条的圈舍，同时保护着动物，也保护着大众。埃森曼的写作也同样将他的项目和观众隔离开来，同时多少无意之间也把观众挡在了他的项目的外围。特别是他的写作在他自己项目的静态、顽固、不可交流的特性之上，还罩上了一道幕布。

跟在德里达（Jacques Derrida）的后面去声称建筑乃是一种书写，这样的说法本身，在流行了20多年的"语言模式说"（the language model）之后，并不怎么稀奇。正是这种说法的"方式"很值得我们去注意。若无杂念，我们或许还会期待在这样说法的影响下，建筑总该会更具表现性吧——虽然这样的表现性在某种意义上并不是夏隆（Scharoun）或是高迪（Antonio Gaudi）建筑的那种表现性。夏隆或是高迪的具有表现性的建筑靠的是大量的形式活动，一堆与其他建筑相比大量的出彩形状。这样的表达性有赖于作品中强化的物质表现。对此，我们都很熟悉。而另一方面，根据书写来打造的建筑表达性，却来自作品弱化的物质实体表现。这样，此类建筑从书写中借来了书写最为骇人的东西：完全依靠自身内部的一套有限关系，书写能把自身世界之外的存在变成存在的能力。靠着书写，寥寥几笔，就寓意千万。在这一点上，"书写"可比"言说"更有本事，书写通过一套约定俗成的记号体系，就能够杜撰出来印象的近乎肉身的生动性来。这些来自书写的印象，跟来自不受语言支持的看、听、触摸的印象相比，有着很是不同的强调方式。所以，说"书写总会意味着某些意思"是不确切的（这是一种难以回避的条件），确切地说，"书写"总是在用很少的材料表达着很多的意思。

结构主义者们因为意识到了"书写之于表达"中这种强烈的量比开始关注书写之下的构层。诚然，我们可以说，结构主义者的选择不仅有理论基础，而且因为他们强调抽象，他们的做法还帮助我们把对比性的特征，抽象成了反差更强的浮雕。因为一旦语言失去了它的自然源头的基础，当语言的物质性元素——声音和字母——都被看成是偶然事物之后，语言唤起意义的力量只能是变得更加神奇，而不是更加不神奇。不然的话，我们又该如何解释结构主义对于诸如列维-斯特劳斯（Levi-Strauss）和罗兰·巴尔特（Roland Barthes）这些人的吸引力呢？

在结构主义者关于语言的论述中，总是隐含着"显现的感觉"与"抽象"、"过度"和"极少"的同时在场。但是，人们不难想象这么一种情形，就是研究者误将研究的对象和研究的原因等同起来。也就是说，会有那么一天，当人们在"结构"中待了太久之后，当"结构"显示出某种类似"语言关系"的关系体系时，人们就开始假定"结构"就有着"语言"的所有属性。到了这一步，我们可以说，结构主义的发展已经耗尽了自己动力的源泉。布赖森（Norman Bryson）很好地总结了这种条件，布赖森把各种各样出自结构主义的形式主义（formallism）概括成为一种"把'结构'（structure）当成'信息'（information），把允许交流发生的某种特征当成交流本身的倾向"。在文学中，这样的"晒干过程"（desiccation）并不那么容易发生，无论理论怎么鼓励它。然而，一旦语言学模型被输送到其他被指认为"类语言活动"之中去时，这种对事物的"晒干"就很可能发生。例如在视觉和表演艺术中，以及在建筑中。的确，在埃森曼的"Fin d'Ou T Hou S"展览中和他的其他作品中，就存在这种形式主义的迹象（译者注：埃森曼的"Fin d'Ou T Hou S"题目也展示了那一时期埃森曼对解构主义者反逻格斯中心论的痴迷。他就是不拼出Find Out House "发现房子"来，就让"能指"（signifier）在残缺、误读、重组中抵抗意义）。在这种现象的背后，潜藏着一种前设，就是认为结构乃基质，结构必须散发出潜在的意义。但是，假如结构并不是基质的话，又该如何？假如正相反，在经过了这样一番剥离——从建筑物体身上剥去所有的习惯性联想，将建筑扒得只剩下骨架，使得普通的图像志分析再无用武之地——结果不再是建筑散发意义，而是散发沉默的话，又该如何？难道这不是埃森曼所要面对的问题吗？这一问题的本质帮助我们明白了书写不利于埃森曼自己设计的地方。此处我想证明的就是上述问题可能真的是一场虚幻。这场虚幻恰恰就来自埃森曼用来防止我们了解其窘境的那些手段。埃森曼在这些无望手段身上寄予了太多东西。如果埃森曼期待的是揭示属于概念性结构的内在光辉，而那些内在光辉并没有出现的话，人们一般倾向于先是表现得好像这些结构的内在光辉一定曾经存在过似的，然后，终于，会转口说，我们大家一直都知道里面啥也没有。

在这里，我们必须说说结构主义者关于语言的论述被嫁接到埃森曼建筑身上的方式，特别是如前所述，那种埃森曼将结构等同于意义的形式主义倾向。因为这里带出在使用语言模式时的一个有趣特殊性。因为已经看到语言涉及"极少"和"极多"之间悖论性的曲折组合（迂回的形式，万能的感觉），也想到这也可能会出现在建筑身上，埃森曼花了15年时间去打磨一种能让一切所谓"肤浅性"、"环境性"、"实用性"、"明显性"的东西都从建筑中撤离的建筑。从一开始，被埃森曼尊为"范式"（paradigm）的东西正是这种语言模式——虽然最初，埃森曼尊崇的只是乔姆斯基（Chomsky）的"转换生成语法"（Transformational Grammar），还不是德里达的"书写"。埃森曼从乔姆斯基转向德里达的变化发生在20世纪80年代，这种变化多少有些仓皇，因为这种变化对于埃森曼的设计没有带来任何可见的影响。尽管乔姆斯基和德里达学说对于埃森曼来说都很重要，但比较之下，还是前者在埃森曼的作品中有着更多的影响痕迹（至于二人对埃森曼设计的具体影响程度，等下我会说回来）。

但是在结构主义中还存在着一个希望或是愿望，就是希望通过研究语言的一个侧面——语言的形式结构，深层的或者不深层的语言形式结构——我们也就能够研究语言的其他侧面，从而举一反三。能够展示这一愿望的一个最好例子，就是索绪尔（Saussure）将"语言"比作一张纸：语言仿佛一张纸，有两个面，一面是声音，另一面是思想。就像一张纸的正面和反面那样，彼此不同却又不可分割。因此，研究了正面，也就在研究着反面。思想就在声音的外包装上传递着，而声音不是别的，恰恰就是传递着抽象关系的载体。

埃森曼的愿望是基于索绪尔的愿望之上的，这就产生了一些奇怪的东西。索绪尔把语言看成是两种不同事物的结合，语言学将展示它们是怎么被捆绑在一起的。对其中之一的研究，就是希望能够包进或是照向另外一个事物，比如，对结构的研究会照向意义。同样的愿望也存在于埃森曼20世纪60年代的语言学导师乔姆斯基的著作之中。埃森曼明白，要研究的话题是语言，并且他还明白，语言展示着某些类似建筑的特性，然后呢？然后该怎么办？在这儿，埃森曼把研究的基础进行了置换。在上述系列表述中的最后那些词组，如果我们不加澄清的话，是不完整的。这里，存在着某种混淆，到底建筑是像语言那样被建造的呢？还是建筑应该像语言那样被研究呢？假设建筑起码可以像结构主义者研究语言那样被研究，那么，我们接下来要面对的任务，就是去寻找出来二者之间相像的地方。可是，在建筑和语言之间毕竟是存在着某些明显的不同。例如，跟词语的瞬间存在性，跟书写的极少物质表现相比，建筑建造就显示出其巨大的物质存在性。圣保罗大教堂（St Paul's）的块头远比作家约翰·多恩（John Donne）所有著作加起来要巨大得多，而且圣保罗大教堂的外形更容易被看懂。因此，语言和建筑的相似性是需要花些功夫找出来并且需要被证明的，而不可被认为是理所当然的事情。但这并不是埃森曼的真正问题。埃森曼一直在培养着自己作为作家设计师、理论家的多重身份的理想——让自己的建筑和自己的写作亲密对话，同时，他还是一位利用自己的写作来为自己的设计作品竖立威信的建筑师。是的，埃森曼的写作抛出了大量吸引人的想法，不过，基于埃森曼写作最为明显的实效，且让我们在此假设一下，他的写作除了作为他自己项目的卫士这一重要角色之外实在是可有可无。那么，那个作为建筑师的埃森曼在干什么？他在记录着研究语言的方式，并且试图在结构主义时代的语言研究中，而不是从语言本身的属性中，推导出一些属性，将之整合到他自己的建筑属性之中去。这里，区别是明显的。无论是口述还是书写的语言，都充盈着"显现的感觉"；而结构主义者关于语言的记述却缺少这种显现的感觉。那么，基于结构主义模式的建筑，因为缺乏显现的感觉，就根本不会像语言。

的确，如此解读出来的建筑也很有可能不像我们常规状态下理解的建筑。这也正是我们还不该轻易打发掉埃森曼建筑的一个原因。埃森曼的建筑的确有着某些有趣的地方，但是他的建筑并没有实现他所陈述的东西。关于语言的语言学研究是分析性的，也正是因为有着分析研究的本性，就像解剖兔子一般，语言学研究才能够把事物扒开来，将事物随意地从它们的环境隔离开来，以便去看看会产生怎样的效果。将一块旧手表拆开来，以便看看手表是怎么做的。这种做法并没有什么不可思议的地方。但是，在研究了手表的运行机制之后，就用混凝土复制一块手表是不可理喻的——如果您还想这块混凝土手表能够报时或是展示时间的话。就这样，埃森曼把自己放到了挨骂的位置上，因为当他（用一种即兴的方式）把手表的运行机制给固化出来后，还宣称这样的手表仍然代表着时间的本性。

埃森曼的建筑不像语言，它们更像是对于语言的研究。同理，他的建筑也不是写作（虽然这里人们不得不承认，既然埃森曼的建筑乃是前文提到的德里达"书写"的概念，那他的建筑也真的不像对书写的研究，仍然更像是结构主义时代对于语言的研究；语言研究的那些原初目的仍然影响着埃森曼和他的作品）。这一说法可能不仅仅适用于埃森曼以及他的作品。通常，研究某事的方式与研究某事本身的属性相比，更容易被吸纳；那么，为什么不把研究的模式套用到对事物的制作身上呢——将这个世界逐渐转化成为一种我们对世界的感知的再现呢？或许，我就该在此结束我的评论，但似乎还有些为时尚早。既然我对别人是如此苛刻，那么，是不是也该对我的论证程序保持某种小心呢？我想指出的是，到此为止，我所说的，都是来自埃森曼称其作品为"书写"的结果。因为他说是，我说他的建筑不是，我在这里试图解释我们分歧的原因。作为回应，我到此为止几乎还没有提及埃森曼的模型和图纸。当我之前有提到它们的时候，它们是被当成自负的证据的。这样的事情多次出现在埃森曼身上。那些建筑评论家们常常要先费劲揣摩埃森曼那些难懂的词汇，等评论家们最终来到了建筑实体面前时，已经筋疲力尽，评论的大戏也通常就在这个点上收场。这就是前面我所言的把写作当成保护手段的意思。这很没必要，因为那些项目通常会比它们的解释更有意思，这也很磨人，因为写作所限定的讨论轴线充其量不过是和作品的边缘相切了一点点，或是就干脆在阻止人们的进入——这也是为什么，人们会指责埃森曼的写作故作隐秘。

　　用结构主义而不是语言（口语的或是书写的语言）去打造某个项目，这本身并不是个问题。因为那些项目本身沉默的傲慢或许还会显得更具暗示性，而不是变成一个问题，因为观众在面对埃森曼这些作品时是被迫去看，而不是去听，它到底是个什么东西。问题在于，埃森曼就像一位耍木偶的人，本来一场木偶表演的哑剧就挺不错，他却花了诸多时间和精力去保持一种不必要的幻象，就是试图让观众相信他手里的木偶真的在说话。或许我该找个没有这么攻击性的批评比喻，因为在某些场合下，木偶"开口讲话"的幻象既不必要也很无趣。

　　最初，似乎是书写通过某种"口技"在模仿"开口讲话"的幻象，在替埃森曼的建筑讲话，虽然事实上讲话的源头并不那么容易被确定。举个此类的例子就可以讲清楚是怎么一回事。埃森曼在过去的许多年里套用了一系列数学术语来描述他的项目属性。假如没有这些数学术语的帮忙，很有可能，不仅他的"House Series"（译者注："房子作品系列"），甚至近来他在柏林、肯特州（the Kent State），还有米兰双年展上所给出的更加杂烩的作品，都可以被归纳成为在让三维网格（three-dimensional grid）多多少少变得可见。所有的"House"项目都生成自立方体，然后进行"再分"（subdivided）和各种各样的"切"（cutting）和"移"（shifted）。这里，我们看到两种本质上最少变化的建构形态，通过一种突出它们不动性的方式，被组合到一起。立方体里格子的无限沿展，示意着"无限"被切整齐，放到一些盒子里（见图2）。但是，这样一种"相同性"（sameness）和"稳定性"（stability）的组合乃是被一种埃森曼称为"转换生成法"（transformation）的一步步发展程序推动着。"转换生成法"这个术语从此在国际建筑词汇中变得如此知名，人们不得不花些气力去搞明白这个词是怎么把运动感渗透到它所套用的程序中的。这里的运动不是任何一种已知的运动，而是一种特殊的运动。埃森曼最早在使用这个词的时候参照的是乔姆斯基的"转换生成语法"。在乔姆斯基的语言学中，转换

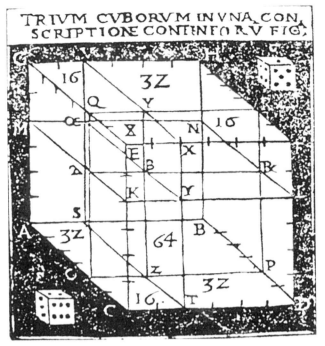

图2　这是由切萨雷·切萨里亚诺（Cesare Cesariano）完成的对于立方体的再分。本图出自切萨里亚诺1521年对维特鲁威（Vitruvius）《建筑十书》的译本

生成性要素（transformational components）承担着乔姆斯基所认为的那种语言的"深层结构"和句子的"表面结构"之间的桥梁。埃森曼把他自己的程序——一般都始于对立方体的某个项量的改变，最终达到更加复杂和多元的东西——看成是类似乔姆斯基的转换生成性元素。而乔姆斯基又是从数学那里借来的"转换生成"一词。

　　在数学中或是在语言学中，"转换"一词指的是对形式的共时和全面的系统改变。然而，这种整体性和突然性只存在于"转换"这个词的历史中，并不存在于埃森曼所说的他自己的程序中。在他那里，"转换生成"是小范围的、局部的、累积的、详细的，并且没有像在数学中和语言学所含有那样从一个一般系统到另外一个一般系统的地图指导，在埃森曼那里，指导就是所有艺术中都比较常见的构成感觉。埃森曼的程序看上去是系统化和具有严格数学性的，因为他的绘图都给人展示着这样一种印象。埃森曼自己是清楚的，他会偶尔地露出一些不满，告诉我们这些程序并不真的那么中规中矩。

　　无论它的名字是如何使人生疑，像"House"系列中所展现出来的转换生成技术已经被发挥到了极致，每一栋房子都有一套标注着自身源头和自身发展过程的图式谱系，或者说在眨眼之间——就展示了一堆已经被否决了的设计，因为挑选了其中之一，其余的方案就没有发展开来，但是这些被否决的方案就会在被选择的那个方案身上保持着某种鬼魂似的共存。还有，这样的技术产生出来的产品或许应该更恰当地被称为是"状态们"（states）而不是"转换生成"，就像一位雕版师在雕印刷模板那样，他在不同阶段，不断地在某个形象上雕刻着，再雕刻着，擦掉，又重来。在"状态"中，并不像"转化"过程中那么具有运动感，"状态"所具有的运动是一事一议的，类似于在做"布朗运动"（Brownian movement）。

在对"House XIa"（1980）的描述中，埃森曼引入了"拓扑几何学"（topological geometry）。"拓扑学"是针对非测量性表面和空间的数学研究，也就是说，是对那些不考虑测距的柔软形态的研究。埃森曼知道这一点，也标明了这一点，然而他的项目还是基于我们熟悉的正交架构（orthogonal format）的测量元素（metric elements）来构成的。

还有近来，在他意大利维罗纳（Verona）的罗密欧与朱丽叶的项目中（the Romeo and Juliet project），埃森曼的大脑转向了"分形"（fractals），这很有意思，如果仅在纯粹的数学意义上看，分形限定着似乎是存在于整数维度之间的程序。因此，在数学的范畴里，可以说是关乎在两维和三维之间的某种空间。然而这个项目中的移转的格子以及错位（dislocation），并没有让人会即刻想到如此矛盾的空间。

转换生成所具有的盲目整体性、拓扑表面的可塑性、分形带来的不可思议的整数维度之间性，如果这些东西被用到建筑中去，那将会冲击当下实践的建筑中最稳定和最基本的特征。直线性（rectilinearity）、测量性（measurement）、空间或许都会被拉伸或者在它们的压力下坍塌，变得难以识别，或者它们会倾向于如此，如果埃森曼的那些数学"干扰手段"能够带来如此剧烈影响的话。但是没有——直线性、测量性、空间仍然保持着原来的状态，甚至在某种程度上，乍看上去，几乎难以看到它们受到任何影响的微弱痕迹，或者说，在埃森曼的直线构架和矩形平面的构成上，几乎很难看到它们，哪怕是隐隐的影子。而埃森曼的直线架构和矩形平面的刻画都是按照整数尺度划分所决定着的（这些虽可追溯到数学中去的特征，很久之前，已经被吸纳到建筑体系中去了），这样的结构在很大程度上没有受到任何干扰和破坏。

如果允许这些外来数学术语侵入埃森曼作品的话，那这些术语肯定会已经破坏了埃森曼作品的根本建筑属性。甚至，这些术语会最终取代这些建筑属性。这样的问题已经不是习惯性直觉能够被决定的东西了——这也正是沉思这一问题时令人陶醉的地方——但是，依据熵和随机性法则，这些术语会以更大的可能性给埃森曼作品的建筑属性带来永久性的破坏和清除。真是危险呀！埃森曼实际上是位令人羡慕的建筑稳定性和基本特征的捍卫者。在他的"原教旨主义"中，他是激进的，但在挑战基本问题时，他却不是激进的（虽然他的写作总是要把自己说成是后者）。然而，这里存在着一个明显的例外。在

"House X"项目的发展最后阶段中，8个方案之后，尽管此时埃森曼已经完成了施工图的绘制，当主顾决定不再继续实施这个项目时，故事却仍在继续，埃森曼开始做了模型。这个模型并不是表现一栋要被建造起来的房子的模型，而是局部发生拆解的模型，所有竖向垂直线都朝某个方向倾斜了45°角。所以，虽然这个模型是一个完整的模型，却是参照了轴侧投影特点的，看上去好像处在绘图（说的多一点）和四个方块的三维建筑之间的状态，一种过渡的状态。这也是埃森曼唯一一次真正在他建筑上实施的转换，一种在数学意义上成立的转换。然而，比之那些他已经制造出来的对"House X"的转换生成系列来说，埃森曼却并不把这个模型称为转换。跟那些"House"系列不同，这个轴侧化的模型是对一种完整和定形的设计的彻底而统一的扭曲，这也是为何有关埃森曼在这个项目终止后才做这么一个模型的故事，并非无足轻重。

　　此类真正的转换并不等于设计，因为需要转换的东西必须是事先就以所有部分都在的整体存在的。在一次"转换过程"

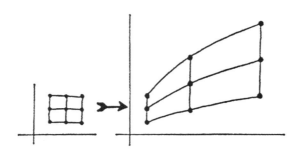

图3　一次转换：$F(x, y) = (x^2, xy)$，斯图尔特（Ian Stewart）

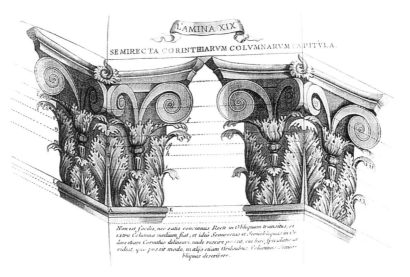

图4　科林斯柱头（Corinthian capitals），图版来自1678年罗伯科维茨的《直与斜的建筑》

中，只有"关系"发生了更改。并没有新的元素介入或者被拿掉；也就是说，不可多加，也不可减少；无需添枝加叶。二者的区别显而易见。在这个例子中，对应着数学性转换的是一个描述这一过程的简单公式（见图3）。对于类似"House X"模型的那种倾斜拆解来说，它的公式就是：

$$F（x, y, z）（[x+y/2], y/, [z+y/2]）$$

在建筑学中，或者更准确地说，从建筑学的边缘那里，没有哪本书会像1678年罗伯科维茨（Juan Caramuel Lobkowitz）的《直与斜的建筑》（Architectura Recta y Obliqua）（见图4）一书那样，提供着类似的前例，在那本书中，古典建筑的元素被实施了类似的转换，好让它们在保持线条连续性的同时，能适应楼梯间里的倾斜墙体。认识到这一相似性，也会让我们能够看到埃森曼轴侧化模型的更大复杂性和更大价值。罗伯科维茨的倾斜建筑无论怎样有趣，都是用来处理特殊情况的，或者说，用来"矫正"感觉上的扭曲的。它只适用于局部，适用于从属性元素，而埃森曼为"House X"所做的轴侧化模型则更多地在技术和技术所应用的对象之间的空白段发挥着有效的作用。在罗伯科维茨那里，绘图和它的对象（建筑物）是明确不同的，向倾斜的转换过程也完全是在二维层面上发生的事情。在"House X"，绘图和对象几乎就重叠了，并且转换过程是发生在三维上的（见图5）。我不理解为什么埃森曼没有把这个模型称为转换。从形式角度讲，他是否将之称为转换并不重要，一朵

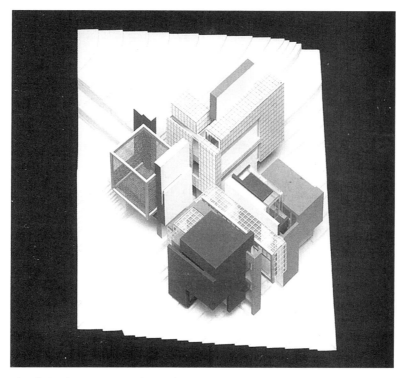

图5　本页下图和下页上图：1975年至1978年，位于密歇根州（Michigan）布卢姆菲尔德（Bloomfield）的"House X"。这是方案H的模型和轴侧图

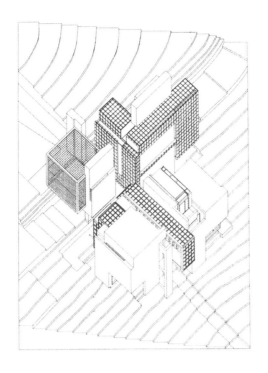

玫瑰是被叫作玫瑰或是别的什么，在语义的场域里面，仍然会保留着和其他元素的相同关系。不过，在本文的讨论中，埃森曼没有将这个模型称为转换，这一事实却为我们提供了一个小小的洞见，让我们隐约看到而不是尽管可能就肯定看到埃森曼自己的写作一般不会展示出来的价值。

我们或许会对埃森曼近来精明地使用了时髦的"书写"概念感到厌烦，我们或许会忙于察看书写本身制造含混的可恶作用，太过清晰地看到书写的有害性，这样，我们也就很容易会忽视埃森曼的积极贡献，主要是因为贡献完全不来自书写；而来自书写之中的那个"动物园"。埃森曼那个轴侧化的模型就是一例，在那个模型身上我们可以找到在埃森曼所言其所做和他真正做出来的东西之间的一种具体相似性，也就是埃森曼典型性地自己不会提到的相似性。在埃森曼的写作中，围绕着埃森曼的建筑，汇聚着来自各种源头的外来思想、术语和话题。或许这种术语的充斥有着兜售的嫌疑。它们的主要任务，一旦进入具体场合，则如我所坚持认为的那样，就是通过聪明或是愚蠢的方式去保护和支持他的作品。然而，人们或许会问，是什么让埃森曼如此热情地搜寻如此广泛的领域呢？有一个不太大度的答案蹦了出来，但还不太令人满意；那些令众人都能贤明地点头的理由往往不是真正的理由。人们可以看到，埃森曼非比寻常地更为关心他的动物园里的动物，好像他想要的，就是给这些动物们创造一种印象而已。

我们一直在谈论他的写作。我们现在要谈谈关在写作中的思想。虽然思想通常并不那么容易被囚禁。通常，思想会从它们的囚禁者的眼皮底下溜出来，一旦它们逃出来，它们就可以走向一种更自由的存在。思想不想支持任何东西，不想对任何东西负责，思想并不一定就会对它们所触碰的对象造成深刻的印记。在这样一种自由又相对无力的状态下，思想就会绕着埃森曼通常牢不可破的建筑飞进飞出。

在这样的状态下，思想是否被忠实地转化成为物体并不重要。对于拓扑学的琢磨是否真的制造出只能在拓扑几何的帮助下才能恰当描述的建筑形式并不重要，例如，是否真的就用拓扑不变性取代了测量不变性，或者，将建筑物做成莫比乌斯带（Mobius Strips）（译者注：德国数学家、天文学家奥古斯都·莫比乌斯给出的一种拓扑连续带）、克莱因瓶（Klein Bottles）（译者注：由德国数学家菲利克斯·克莱因提出的一种没有内外之分的瓶体）、投影平面，而不再是杆件和平面，并不重要。尽管这些想法通常很可能会吓到而不是启发绝大多数建筑师。或许，拓扑学只是一列朝向建筑开去的"思想火车"的"由头"而已，拓扑学只是为做"某事"而提供的刺激，如果没有它，"某事"就不可能发生。当拓扑学能在建筑身上留下点痕迹的时候，"某事"却已经不再和拓扑学有着直接的关联了，或者，能有关系的，尚值得一提的也只是建筑的某些边缘或是微不足道的侧面。

在"House X"身上，如果人们避开那些很是令人生疑的诸如"对称的拓扑轴线"、"拓扑转换"和"莫比乌斯带"的标签的话，或许可以去看看驶过拓扑学的"思想列车"是对它的对象产生作用的方式。在"House X"诸多解释性模型中有那么一个模型，当埃森曼用它显示从一个肿块般的大立方体中拉出一个小立方体的过程时，我们可以说，这倒是好像"微分拓扑学家"（the differential topologist）将一张表面拖着，穿越另一张表面的程序。这只是"好像"，而不是"就是"。如果非要解释不可的话，我们既可以说，这是将一种闭合的表面进行了部分外翻，由此，自诩为现代数学的主人的行为，也可以说，这就像是把一只袜子的内侧向外翻转过来一样。配合这个模型的还有一些示意图，它们展示着一步步怎样将a拉透过b的过程，因为这些示意图被表现得像是严肃的证明过程，它们反倒成了对严谨的一种反讽。这模型看上去倒像是在说，即使它身上发生过这种不太可能的"拓扑翻转"，也什么痕迹都没有留下。的确，我们要想象这模型身上曾经发生过"拓扑翻转"都需要极力悬置我们的怀疑。用于模型制作的材质对表现"拓扑翻转"是不利的，以至于结晶般的正交立方体形态只能被"想象"地认为好像经历了火烤之后变得适度柔软阶段似的。至于扭曲变形的发生时间的长短也只能靠任意的想象。为了表达一个小立方体正在从一个大点的立方体中被拉出来，小立方体的部分还残留在大立方体的体内，模型的真实存在属性——空间、时间、材料的属性——不得不靠我们用心智去消解，然后重构。人们必须想象一种时间，就是静态能变成动态的时间，坚硬能变成柔软的时间。这样一些靠想象完成的思想构成了一些特殊种类的想象性的虚构故事，因为这些"虚构故事"根本就不能真实成立。如果我们知道那些听上去像真事的"故事"有多假的话，我们就知道在建筑中那些看上去"很假"（unreal）的有关建筑在"运动"的常见故事有着什么特点。因为建筑常被大家直接等同于真实的东西（比如建筑物和地景），因而，建筑也常在其否定真实性的一面来得更为极端。一旦人们意识到物体的物理构成，一旦人们意识到建筑是由纸板、木头、混凝土或是玻璃制成的，人们就无法对建筑实施此类形态学（morphology），只能是想想而已。想象力只有跑到我们所处的世界那可以辨认的边界之外去工作，才能建立起这样一类阐释思想。

不止是在埃森曼的作品和写作中，而是在建筑学和建筑批评总体领域里，到底有多少类似的东西？真是数也数不清。总是有人依靠词语让我们相信，那个静态的东西是动的。谁又能告诉我们，在词语和物体这个互为动因的圈中（the circle of reciprocity），谁先谁后？建筑批评中的书面词汇深深地潜藏在建筑的形式之中，就像建筑的可见形象也深深地潜藏在语言中那样。但是，这一点并不能被解读成支持埃森曼所言他的作品就像写作的理由。这里，我所指出的不是建筑和写作的相似性，而是二者之间的一种相互作用：是在两种明显不同却又相互依存的状态之间的一种巨大和根本的交流。建筑中那种虚构出来的"运动"的暗示，可以在写作中以及在建筑物之内被体验到。二者相互依赖并不能证明二者就彼此相像。我们是可以不需要那些形态学上的虚构活着的，我们是可以让建筑只参照那些拥有可靠物质属性的可知世界里的东西的，然而我们没有这么做，建筑也不是在参照可知世界的物体的。"打着洞的体量"（punctured volume）、"压缩的面"（compressed planes）、"分散化的开洞"（scattered fenestration）、"凝固的运动"（frozen movement）、"相互穿插的空间"（interpenetrating spaces）、"激荡的空间"（agitated spaces），建筑所参照的这些东西，正是那些转化成了形容词的动词。或许，我们真的从自己对世界的积极参与中获得了某种感觉，又跟在语言后面，把感觉转化成了建筑。然而，请注意，在这种新的条件下，这种感觉是以不同方式在发挥作用的。如果有时我们仍会被古人所认为的石头也有灵性的看法所感动的话，那当我们把建筑物也想象成为"灵动"的东西时，又何尝不是被相似的语言所放大的情感所控制着呢？在这种物体有灵性的现代形式中，或许，不再是向无生命的物体中一厢情愿地吹入生命之气，更多地在于对无生命物体的一厢情愿地"去–真实化"（unrealizing）。这里涉及的是对一个超验性（transcendental）却又彻底肉身化（entirely corporeal）的世界的幻觉。

将一个立方体从另外一个立方体中拉出来，对于围绕着当代建筑成长起来的形态学虚构故事这么一个群体来说，是典型性的做法，不只是在埃森曼一个人的影响下人们才这么做。因为和批评的语言有机地交织在一起，也正因为如此，这种形态学的虚构故事常常不是停留在感知上，而是危险地要变成解释；变成您恰巧弄出来的某种物体的理由，而不是在您面对自己恰巧弄出来的物体时，您的想象力所制造出来的属性。

在"House XIa"（见图6）中，问题变成了埃森曼所描述的那些属性到底在多大程度上是房子本身的，多大程度上只存在于解释之中。这个问题听上去有些无聊和固执，因为这个问题仍然坚持着书写和建筑之间的区别，而埃森曼则声称这种区别对于他的作品来说已经不再重要，因为建筑也就是在书写。难道这不就是巴尔特和德里达告诉我们的批评和实践之间的关系吗？他们也说，二者是相连的，甚至是不可区别的。这部分是真的；虽然，这里的问题并不是关于相互依存和关联的问题，而是"替代"和"控制"的问题。说一个局部翻转的立体模型是从拓扑推理或是从对拓扑关系的意识中推导出来的，并不是说可以不需要任何话语的帮助就可以从模型身上获得"拓扑感"。在那个"House"的模型中，如果没有解释性模型、图纸、标题和其他文本伴随的话，其中的局部翻转在多大程度上可以被人们识别出来呢？这个局部翻转的"在场感"又是怎样分配的呢？很可能，就是标题、图纸，还有模型代替了房子中原本很难看出来的属性。一个词可以站在它所指代的事物的前方，投下一道深深的阴影，以至于人们要花很大的气力才能辨认出事物的近乎缺席。或许，与我们愿意相信的状态相比，这才是更为经常的发生。

有那么一类艺术品，它们就是利用了词语和图像之间或是词语和事物之间的互动，词语常常就像标题那样发挥作用，邀请观者在事物身上解读到词语的提示。我此刻想的就是珍妮·霍尔泽（Jenny Holzer）、汤姆·菲利普斯（Tom Philips）、劳伦斯·维纳（Lawrence Wiener）和约翰·巴尔代萨里（John Baldessari）的作品，他们的作品都使用过下列手段中的某些或是全部：他们把书写从书写平常多少有些不易被看见的状态中拖出来，您在读一个词时，您也能看到字体背后的图像，您通常并不会这么看一个词的，这就赋予书写某种意想不到的肉身性（菲利普斯），通过拒绝人们常规意义上对词语的期待——就是词语会直接指向它们所栖的事物（霍尔泽）或是让词语的物质性变成了词语所指代的事物（维纳），这些人迫使我们的注意力从通常我们所假定的标题与形象，或是世界与关于世界的书写描写的对应关系上转移开去，取而代之，故意建构了一些关于"验证"的恶搞。

埃森曼对书写和标题的使用已经很是极致，那是一种彻底的“验证”式的使用，也是把书写的非肉身本质当成理所当然的东西。埃森曼的书写是一个明确不同的天地，指向了同样是明确不同的建筑设计的天地。如果说二者之间有什么互动的话，那互动就发生在对二者差异的边界的跨越。这并不妨碍二者之间的生成关系。我之所以在这里要把埃森曼和上述的艺术家们进行比较，并不是说埃森曼在使用词语的方法上过于陈旧或是不慎，而是要勾画出来埃森曼自己借助他使用词语的那种方式，去在书写和设计之间所制造出来的隐含区别。

回到之前两个相互渗透的立方体的例子和关于它们的解释上去：假如，如埃森曼所说的那样，这些立方体就是“拓扑性”的话，那么，埃森曼就在暗示着一种想象去跟其他事物发生相似的方式，或者说，在他建筑严格直线的框架中，是想象形态虚构故事的方式；或者说，在提高人们对他者暗示的感受能力，埃森曼可以理直气壮地宣称：“一位老师伸出的手指并不一定就会遮挡老师所要指出的东西。”这或许是个非常有用的手势，不仅仅对于观察者来说是这样——因为观察者可以从作者或设计师的一点点暗示中就可以得到某些帮助或指导，而是对于作者或设计师来说（跟任何其他人相比）更是如此——因为他们要在某个关于相似性和近似性的具体领域里去探索某种灵感的出处。

在“House XIa”中，另外一种用于显现“拓扑感”的方式，就是埃森曼在建筑模型的顶部和底部设计了两个类似拓扑学中“圆环体”的东西（torus-like figures），一个是玻璃做的，一个是不透明的，彼此构成一种镜像关系（译者注：二者是在对角线上出现对称关系的）。这个形象是从一个立方体开始的，立方体上两个对角上的体块都被切出去一些（请注意，这里的动词“切出去”是那么容易吓倒人们的想象力，去想象在一个惰性物体身上施加历史和运动）。另外一种同样成立的方式是

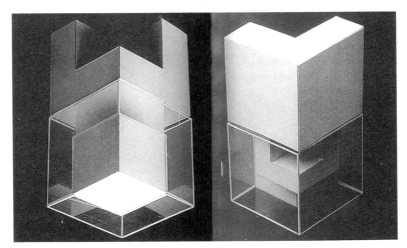

图6　1978年，位于加利福尼亚州帕罗·奥多（Palo Alto）的“House XIa”。（左图）是从东侧下部望向模型，（右图）是从东侧上部望向模型

把这东西看成是一组相同的"L"形立面围绕着每个立方体的6个面先是旋转了90°，再旋转180°后的结果（在"House X"身上，对于"L"形状的偏爱是明显的，这种偏爱一直延伸到了"Fin d'Ou T Hou S"系列，尽管这二者之中的"L"形状都不像在"House XIa"之中那么统一）。作为经典的暧昧的例子，这些"L"们既可以被理解成为是对一个已经切去了角的立方体的加法，也可以被理解成为一个立方体被削减成为厚实的骨架，中间打了个洞，就像是一个环似的，一种直线化的环。环是拓扑学中一个最典型的形象之一，在有关拓扑学的入门介绍里，环也显得很突出，比如，一个炸面圈（doughnut）在拓扑学中就相当于一只茶杯的结构，二者在拓扑学的意义上都相当于"House XIa"那打了洞的立方体，它们都是拓扑学意义上的环。一般人是不需要知道这些才能欣赏这种形式的极端生动性，欣赏平面上对称的轴在三维上被搞得非比寻常地倾斜，欣赏从一个他的测量性建筑顽固不变的立体几何所制造（或推出来）的形状的高度创新性，就是说，最不可能发生的肉身化。

有些人是不会告诉你他们作品的意义是什么的。他们从不给出解释。他们能够讲出来的就是他们恰巧就想要这么做，或者偶然灵感降临。大部分当代画家和艺术家们还仍然喜欢使用这样的回答，尽管会有促使他们用某种理论打扮作品让它们变得合理化的外部压力。很多知名的建筑师就常会觉得有必要这么做。这倒不是说画家和雕塑家们比建筑师更诚实，更少做作——比起用理论装扮作品，这么做，其中还是有着更多好处的。这样的回答会让他们在某种程度上回避词语那种侵入性和控制性的权威。尽管这些人都是些视觉艺术家，他们也不可能完全把自己的作品从词语的辐射隔离开来，就像一位作家很难把自己的写作同视觉领域隔离开来一样。既然沉默不是答案，那么，这些人就要讲故事。然而，讲故事的行为却将人的能力都集中到了事件和背景的不同领地上去了，而不是在做一种理论的框定。在一则故事中，真正起作用的是幻想、说不清道不明和不可信的东西。而在理论中，理论是必须要把说不清的东西给说清楚，幻想就被边缘化了，不那么可信的东西要么变得可靠，要么就被排除在外。把某种东西用故事而不是用理论的包裹起来，意味着让词语发挥其陌生化的效应，而不是要发挥词语的可信度。如果词语制造出来一种传奇的人造氛围的话（而且这样的事情的确常有发生，常有人会抱怨），结果也会变得太过令人疲惫。但是，我们应该看到，避开僵化和束缚或许更容易些。

埃森曼的话语艺术性部分就来自理论写作的缺陷性格，他的理论写作时不时地会陷入癫狂的知识分子"狂草"（cacography）中去，迸发着半知半解的思想的能量。埃森曼变换着自己的理论，可是他的建筑却保持不变。埃森曼从不认为他的建筑已经僵化了，因为他从来都没有遇到过在建筑本身要去"求变"的挑战。他写作上思想的迅速更迭，为他建筑上的不变做出了补偿。在这样的情况下，要求建筑一定要跟上写作的变化，或是写作一定要对应着建筑，根本就是不可能的，无论我们这样的要求显得多么合理。让埃森曼的"建筑去适应写作"或是埃森曼的"写作适应建筑"，结果都有可能是毁灭性的，因为埃森曼所有围绕着"惰性物体"的忙碌已经有些效果了。正是这样疯狂、无益、知识分子气的骚动，才引发了物体内部隐约、微妙、迷幻的运动感的幻象（见图7）。

　　那么这是否意味着，既然写作提供的只是理论和解释，这些解释和理论永远都不会在建筑身上派上用场呢？让我们换个角度想一下：任何一种技术，无论是新技术还是老技术，无论是焊接、上釉、在画布上画油画、绘制建筑图纸，或是制作木构建筑，都是需要在某些约束下才能够进行的约束性实践。在

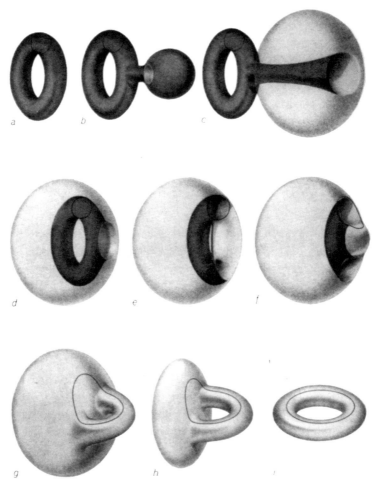

图7　一个拓扑意义上的环，由内部向外部的整个翻转过程。该示意图出自阿兰·毕克尔（Allan Beechel）与约翰·路易斯（John Lewis），刊登在1966年5月刊《美国科学》杂志上（Scientific American）

这样的约束性实践之上，再套上一种规定性的理论，会把领域限制得更加窄小。也就是说，把一个人放在了双重的约束之下——在某种技术所能提供的有限手段内，某种理论所能提供的有限领域又从其中切去一块。因为二者之间的不等价性，技术约束和理论约束的叠加无疑就会对技术的边界施加惊人的压力，促使技术的边界朝着某个方向扩张。在18世纪，洛吉耶（Laugier）的理论中对于柱子地位的坚持就帮助了古典主义时期砖石建造的技术走出了稳定性的确定边界，并因为如此，制造出来某种轻灵、滑稽甚至有些危险的建筑来。

大多数的建筑理论则没有这么坚决，给出的阐述也多是基于常识而已。理论会受制于某些流行的偏见，同时面向着下一波偏见，理论除了倡导连续性和整合之外很少会提出更多的东西；埃森曼对于语言模式的使用逃脱了这一命运。起码，看上去貌似如此，当埃森曼坚决地要把自己的建筑推到极致，以便显露他建筑的"深层结构"时，很像是可以逃脱这一命运。"Fin d'Ou T Hou S"这一令人失望的展出作品，正是得益于埃森曼希望逃脱理论宿命的部分努力。那已被重复多次的"显露"过程变成了一种自我肯定的仪式。不过"Fin d'Ou T Hou S"展出的作品并不是埃森曼近期作品中的典型作品，这个系列并不那么依赖于设计者对既有模式的套用，而更像是现在正在做的另外一些动作——一种关于和解的暗示。埃森曼所依靠的启动理论有赖于乔姆斯基的结构主义，这样的理论不再拥有能把建筑逼得变形，从而让建筑作为一种实现的事实甚至风格，以便可以适应时代的可信性。建筑适应时代并不难，因为美国建筑已经开始适应了埃森曼，我最喜欢用的一个例子就是旧金山的一家麦当劳已经显现出来适应埃森曼的趋势，这个麦当劳的室内除了其中对角线带来的不便之外，和其他地方的麦当劳没有什么差别（见图8）。

然而，当经过了把"深层结构"等同于"建筑抽象"的最初认识之后，建筑就能够从理论那里得到形式吗？难道埃森曼那像似"大爆炸"（Big Bang）后小宇宙般的"House"系列，其最初的理念不是被冲淡成为越来越美学化的形式吗？还有，难道这个原初的理念与其说是一种构成原理，倒不如该说成是在某种意义上支持着把特拉尼建筑推向极度超然的行为呢？如果是这样的话，难道我们不是又被扔回到美学意识的隐秘操纵之下，又用美学意识去解释这些方案所拥有的一切吗？

这的确要看我们如何界定"美学化"了。为了搞清楚在作为整体的"House"系列中这个词的意义，或许最好区别一下那种旨在整合已经被公认的建筑性格的"美学意识"（在这里，"已经公认的建筑性格"指的就是埃森曼自己早期作品的特色，外加后来一些"拿来"的其他影响），以及那种旨在消解或者抹煞公认建筑性格的"美学意识"。在"House"系列中最优秀者就是House VI、House X、House XI，作品之中二者都在发挥

图8 旧金山市的一家麦当劳

作用。

　　最后，如果仅仅出于做比较的目的，我们还可以利用一下"Fin d'Ou T Hou S"系列。这个系列中充斥着对埃森曼早期项目中衍生出来的怀旧式的形式主义（formalism），一种在其当下任何作品中都特有的埃森曼自传式的历史主义。然而，让"Fin d'Ou T Hou S"系列凸显出来的，还不是这一保持性、均质化的美学倾向里所有特征的不在场，而是对于它们的压制。在很大程度上，它是对"House XIa"的二次设计。"House XIa"跟其他房子相比，更像是"Fin d'Ou T Hou S"系列的祖先。但是，在"House XIa"中，只是偶尔沾染上了那些本不属于那里，并且没有权利在那里的形式理念（比如，拓扑学的理念），它们的在场只能通过一种之前已经描述过的对物体想象性的"去—真实化"来欣赏，而"Fin d'Ou T Hou S"系列如前所述则不是。所有外来事物的痕迹都被构成性地消化掉了。立面上的那些"L"形式还在那里，被咬掉一块的立方体也在那里，但是环一样的形象已经消失，而且的确，在"House XIa"中出现的虚与实、镜像形式、旋转元素、斜向对称这些更为个性化和更为有力的形式关系多也消失。这些关系的消去，乃是一种暧昧的构成策略的一部分——埃森曼在此用"转换"来追求这种暧昧构成——他借此把任何相对薄弱或是相对熟悉的关系都整合进一种复合体。这是一种众所周知的表现饱满和复杂性的方式。问题在于，这种做法最终总是变成了这些品质的一种符号，而不是真的代表饱满和复杂性，在这一过程中，这种手法与其说是创造了饱满和复杂性，还不如说是破坏了它们。通过打破和叠加原本统一的形式而创造出来的丰富性和多样性，其代价就是作品中的外来陌生性。如果这是"解读"与"分解"所必需的东西的话，正如杰弗里·凯普尼斯希望我们去相信的那样，结果并不那么有"教益"（edifying），充其量只是一种精明化的愉悦。

　　另一方面，这一具体的分解过程（其实是非常构成的东西）的确显示出其原型"House XIa"某些真正卓越的品质。在罗莎琳·克劳斯对"House VI"那篇敏锐但仍以赞赏为主的评述中，她（Rosalind Krauss）指出：恰恰是在"House VI"最公然地违背了埃森曼明确的要建成形式剥离内涵的用意处，"House VI"才赢得了自身最大的不同。亦即，在那部横着的和另外穿越了内纵墙的楼梯身上。其中的一部楼梯是上下面翻转过来的，不可使用，另一部楼梯则是正常的。这些楼梯不可避免地指涉着人类的使用，却又和人们对于楼梯的常规使用的预期玩起意外的游戏。在某种意义上，我对"House XIa"所持有的观点跟克劳斯有关"House VI"的观点是相近的。在这两个例子中，我们都能注意到埃森曼试图将建筑剥去其表层意义的努力。当存在着某种东西去阻止这种建筑的"去意义化"时，这种作法反而显得最为深刻和有效。克劳斯显示的是，当形式的天地变得越来越肉身化的时候，这种意向是如何失败的，因为建筑总是要被迫用于使用，面对居住和功能的传统习惯，而我则显示了这种意向失败也可以出于设计师的好意，甚至就是因为——恰恰是因为——设计师没有压力一定要去这么做。这时，才使得那些关于运动的外来理念悄悄地潜入到物体那无言的不动性之

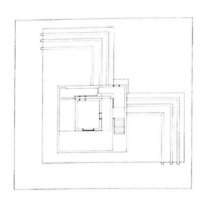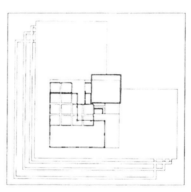
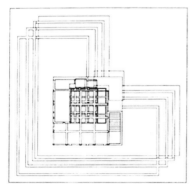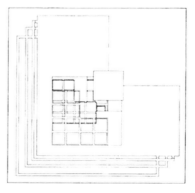

图9　"Fin d'Ou T Hou S"的第四阶段。从上部开始，从左到右分别是：首层平面图、二层平面图、三层平面图、屋顶平面图

中。这类运动的理念并不干扰或是与建筑妥协——它们给予建筑一种并非此世的灵性，这种灵性取代了埃森曼诸多年来如此努力试图驱赶的意义的位置。

图10　"Fin d'Ou T Hou S"的第四阶段。剖面图

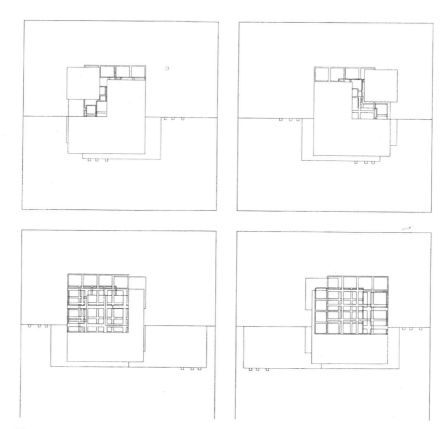

图11 "Fin d'Ou T Hou S" 的第四阶段，从上开始，从左到右：北、东、南、西立面图

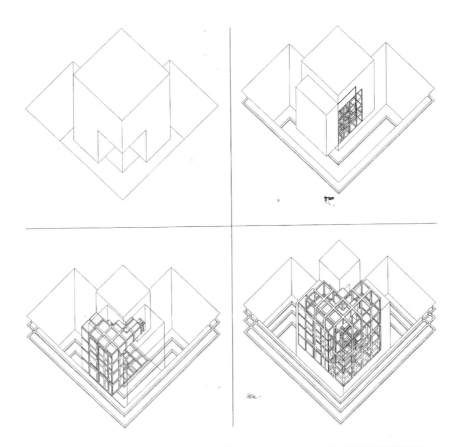

图12 "Fin d'Ou T Hou S"的分解过程轴测图，
从上开始、从左到右：第一阶段，第二阶段，第
三阶段，第四阶段

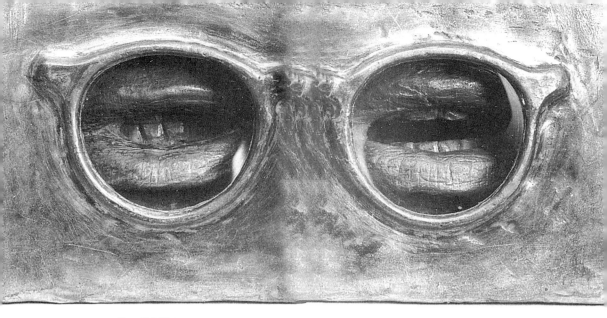

图1　约翰斯（Jasper Johns）1961年的作品《评论家的看法》（Critic Sees）

从绘图到建筑物的翻译（1986 年）

　　所谓翻译（to translate）就是去搬运（to convey）。翻译就是在不改变事物的前提下把它运送过去。[1]这是"翻译"的原初意思，也是在"平移动作"（translatory motion）中所发生的事情。如果用平移动作做个类比的话，语言之间的翻译也该如此。然而，在词语意义从一种语言到另一种语言的翻译过程中，支撑词语意义的基础并不如人所愿地那般均匀和连续；在语言翻译的过程中，事物总会出现弯曲、断裂或是丢失。那种认为意义可以在一个统一空间中毫发无损地从一种语言滑向另一种语言的假设只能是一种天真的幻想。不过，我们只能首先假定翻译拥有这样纯粹和无条件存在的状态，我们才能获得有关偏离于这一想象状态的偏差模式的精确认识。

　　我想指出在建筑当中也存在着一种类似的过程，同样，建筑师们也只有将我们对于这一过程的批判性怀疑暂时悬置起来，才能真正开展他们的工作。我还想指出，我们是可以把这个协助着建筑师完成工作的过程故事明讲出来的，可是建筑学里还没人这么做，因为没人说，这一过程的隐含性就导致了奇特情形的出现，一方面，人们可能极大地高估了绘图的价值，另一方面，人们却几乎没有意识到绘图的属性——尤其是绘图相对于它假定的对象建筑物而言——所具有的那种特殊的力量。承认绘图具有能动性（agency）力量的后果，不是对绘图跟事物之间相似性的认识，竟然会是绘图跟它所要表现的事物之间的不相似性和差别性的认识，这一点，并不像初看上去那么矛盾或是毫无关联。

在我们开始调查绘图在建筑中的角色之前，我想说说语言，特别是关于建筑就像语言却独立于语言的自相矛盾的说法（antilogy）。所有具有概念维度的事物都像语言，就像所有灰色的东西都像大象一样。建筑学里的好多东西可以不是语言却像语言。有些人或许会说，晚近关于建筑就是一门语言的说法只是持续瓦解视觉的语言潮里刚过去的一波浪潮，只是对我们不依靠语言指导眼睛就能视看的能力的妖魔化而已（见图1）。用瓦列里（Paul Valery）的话说："看的过程就是将所看事物名字忘掉的过程。"[2]这句话最近还成了一位美国艺术家传记的书名。我们真的就这么肯定吗？这种纯粹主义会不会变成可笑的虔诚？承认词语会影响视觉，我们就没有道德责任一定要将词语从视觉中驱逐出去，即便我们有能力这么做。可以理解，如果为了我们这个行业的完整性，我们可以想象建筑会被其他的交流形式所污染，就像为了建筑学的拓展，我们也可理解性地觉得建筑犹如语言。但这只是在给我们拥有并不匹配的理念做辩解。

对于视觉纯粹性的苛求源自一种恐惧，就是害怕当一种范畴压向另一种范畴之后，所有的区别都会消失。我们之所以保护视觉纯粹性，是因为我们以为它正面临着被一种更为强大的媒介所吞灭的危险。既然我们在全身心地关注语言的主导性，我们甚至不惜把建筑圈在自己的领地内，不让它和其他领域发生交流，以便保护它的完整性。这听上去可能，实际做起来却很不可能，因为对于建筑来说，即便是在一个假装自主的独处状态下，也还是存在着一位始终如一的报信人，那就是绘图。

某些英国艺术史学家已经把注意力转向语言和视觉艺术之间的交换过程上去了：巴克森德尔（Michael Baxandall）关注的是早期意大利人文主义者，[3]克拉克（T.J.Clark）关注的是19世纪法国绘画，[4]布赖森关注的是17和18世纪法国绘画。[5]他们的研究将艺术史推进到之前很少有人认真调查过的一个领域，他们的研究表明，画家和评论家们是怎样试图从绘画（painting）身上剔除语言或是怎样试图让绘画接纳语言的。在"可言"（the verbal）和"可见"（the visible）之间所发生的倒不像一场战争，更像是一种经济交换，尽管来来回回所发生的许多交易里充满摩擦。我觉得他们的研究非常有价值，非常启发人。然而对我来说，由这两大势力的往来贸易所主宰的经济，如果不加修正，还真就不能被平移到建筑中来，因为建筑绘图构成了第三种势力，某种可能跟艺术作品和艺术评述旗鼓相当的势力。

我个人对建筑绘图所扮演的巨大生成性角色（generative part）的疑问源自我在一所艺术院校里短暂的教书经历。[6]我一直以为，建筑和各种视觉艺术关系紧密，然而很快，我就惊讶地意识到在当时建筑师的劳动中有一个特别处于劣势的条件，建筑师从来都不跟他们所思考的对象直接打交道，他们总是要通过某种中介介质，多数的时候总要通过绘图才能跟对象发生关系，而画家和雕塑家虽然会花些时间画草稿和做小样，他们最终都在跟作品本身直接发生着关系，很自然，这些作品也就直接地吸引着他们的注意力和努力。回头想想，我仍然搞不明白为什么之前我从来都没有思考过这一朴素的观察可能意味着什么。草图和小样跟一幅画作和雕塑的关系远比一张建筑图跟一栋大楼的关系要近得多，而且，绘画和雕塑的发展过程，即构思过程，很少会在初步研究时就走向终止。在绘画和雕塑中，最为辛苦的活动几乎总是对终极作品的建造和改动，初步研究的目的在于在开始创作终端作品之前给出充分的限定，而不是要像建筑图那样事先就得提供出一套完全确定性的设计。在我看来，由此出现的建筑领域里建筑师关注点的转移以及建筑师接近终端作品时的不直接性，都是当我们把常规建筑当成是一种视觉艺术时所要考虑到的突出特征。至于这些特征是否总是或者注定就是劣势，那是另外的问题。

一旦认识到这种转移，也就有了两种很是不同的定义建筑的可能。我们可以选择让建筑加入其他视觉艺术，而且为了牢靠起见，还要强调一下，只有建筑师用自己双手操作的部分才是他的作品。很显然，这种新的亲密关系首先需要一场"离婚"，因为当我们更加直接接近作品时，我们就得放弃对那些在政治、经济、社会秩序领域里繁荣的建筑的拥有权。如果这么重新定义建筑的话，建筑或许会变得更加严谨、没那么多责任、更加矮小、更好预料、价值变低，但也如我们所希望的那样，变得更好。那么，因其在想象力和行动力方面放弃去再现和限定社会世界的宏大托词（这一计划，它的不可能性堪比要编撰一部亦是好小说的法典的不可能性——一种实际上满是困惑的野心），建筑学真就能通过精简和浓缩全新再造自己吗？好吧，这种通过收缩的重组正在进行中，问题在于这种重组仅仅是在很久以前就属于建筑监管的领域内所进行的重组、修复，一种简单的投入转移。

本来可能在建筑内发生的事情没有发生，而是发生在了建筑之外，的确，也发生在绘画和雕塑之外，如果我们严格界定建筑、绘画和雕塑的话。[7]坚持一定要直接接近作品很有可能就会导致人们把图当成建筑艺术的真正仓库。甚至可能连绘图都不要了。

在建筑的藩篱之外，在那些带有明显建筑母题的大地艺术、表演、装置、建造的作品中，有些作品相当出众，不仅仅因为它们很少或从不使用绘图的事实，还因为它们通过绘图这一媒介所开发出来的不可能性。

在这方面，洛杉矶（Los Angeles）艺术家詹姆斯·特瑞尔（James Turrell）就是一个例证。[8]特瑞尔20世纪60年代和70年代的主打作品就是人工照明的房间（见图2）。这些作品中最具建筑性的东西就是一系列空房间，如果用当下建筑常规去描绘的话，这些房间只可能被解读成为毫无智趣的简单表现。但是作为装置，这些作品的效果令人赞叹。它们身上那些可以被观者直接捕捉到的质量跟艺术家双手、情感或是个性的在场与否无关。它们的制作显示着极度的精确和节俭，这些房间里没有特瑞尔的痕迹，起码不会多过密斯最为空旷的室内里密斯的痕迹。特瑞尔的作品既能让某些批评家的超验神秘感喷发，[9]同时也很容易让大家理解和明白，因为他的作品就是让观者不能相信他们自己的眼睛。您在看的这个东西，您知道就是一个矩形房间。您窥探时所穿过的那个隔断背后藏着许多荧光灯管。您明白其中的工作原理。您可以用手去触摸。您甚至可以在从紫红过渡到粉色的光晕映衬下看到，在您之前，曾有人以为他可以沿墙爬上去的证据，因为那人在原本光洁无瑕没有空间感的室内留下了脚印。

即便如此，您只有靠推测才能维持您对房间深度或是空旷度的判断，因为这里的光线即使不像固体，也是不可思议的稠密，仿佛光照不再是为了洒到物体上去显露它的形象，而是要吞噬它似的。您向后后退几步，即使您有意识地调动自己的意志，您也不可能想象出房间的深度，您再退后几步，所看穿的那个屏幕一般的洞口仿佛就是光的体块一般，用一种跟你所了解的真相公然背离的方式突出出来。[10]特瑞尔的装置最为显著的属性是它们的地点性和不可转移性。直接在白墙表面上所观察到的灯光效果以及无数的现场实验，是不可能被记录下来或是在建成之后被拍摄下来的，同样，我们也看不到丝毫证据能够说明这样的效果源自绘图。在这一方面，特瑞尔20世纪70和80年代的照明空间作品《欧尔卡》（Orca）、《拉玛尔》（Raemar）（译者注：蓝光系列）以及《楔作品》系列等，都比那些通过模板切口（cut templates）在墙面投上光形状的早期作品，越来越

图2　特瑞尔位于卡帕街（Capp Street Project）的装置作品，左：《欧尔卡》，右：《科诺》（Kono），旧金山，特瑞尔，1994年

远离了绘图以及可绘性（the drawable）。特瑞尔制作并出版销售了这些作品的某些初步图纸。我们看到这些图纸时是无法想象它们在后来作品中到底产生了怎样的作用。通过持续使用同一种媒介，并除去了投影仪的使用，特瑞尔有效地把他的作品牵领到了绘图的范畴之外，因为是诸如《阿弗拉姆》（Afrum）（译者注：浅蓝光系列）这样作品里的投影形状才让它们变得可绘（见图3）。

绘图有着内在的指涉局限。并不是所有建筑性的东西（特瑞尔的房间肯定是建筑性的）都能通过绘图得以呈现。一定是存在着某些品质的模糊区，只能在暗处去看，且很难看穿。如果我们意识到这些影线上和影线左右的质量比图上清晰，呈现的状态更为有趣的话，那么我们就该抛弃这样的绘图，就应该树立另外一种工作方法。

让我们暂且回到在建筑学院里最近被捧上天的建筑绘图：把一张图视为一件艺术品，如我们所通常理解的那样，就意味着要把图视为某种可被观者消费的东西，以便满足观者程式化体验贪婪的胃口。对图的任何其他更多的可能使用都被视为不重要且有害的，因为图的价值已经被削减成为意识的食物。在过去的15年间，我们已经见证了我们可以称之为"对建筑绘图的二次发现过程"。这种二次发现让绘图变得更加可消费化，但是建筑绘图的这种可消费性在很大程度上是通过重新定义它们的再现性角色取得的，就像20世纪早期绘画身上所发生的那样，在某种意义上，跟它们所表现的东西无关，而跟它们自身的组成有关。所以，绘图本身已经变成了关注的焦点、效果资料库，同时，在绘图和建造之间所发生的相互转化却在很大程度上仍然是个谜。

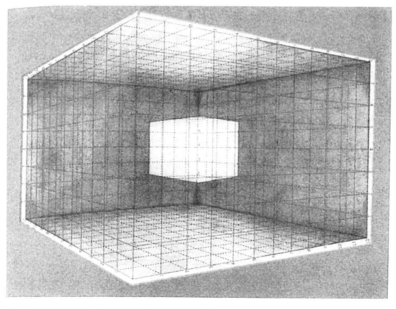

图3　特瑞尔1967年为《阿弗拉姆》完成的预备绘图

由此直接出现了第二种可能性。如果说改变建筑定义的一种方式就是去坚持建筑师的直接介入，或把绘图称为"艺术"，或把绘图丢到一边，推崇无"中介"的建造，那另外一种方式则是更为有效地利用绘图的传递和交流属性。我希望在这里去讨论最后的这可能——一种被我称为不太受欢迎的可能。

这两种选择，一边强调的是被造物体的肉身属性，另一边关注的是绘图当中被解体的属性，二者就这么面对面地对立着：一端，强调的是介入、实在性（substantiality）、有形性（tangibility）、在场、直接性、直接的行动；另一端，是不介入、间接、抽象、中介、保持距离的行动。这两端是对立的，却未必不互补。或许，就像某些15世纪的画家们，如马萨乔（Masaccio）、皮耶罗·德拉·弗朗切斯卡（Pierol）、曼特尼亚（Mantegna）、平托里奇奥（Pinturicchio）、达·芬奇，他们可以将自然主义下那柔软的不规则性与透视建构的构成规则性组合起来，建筑师也可以将这二者组合起来，这样就能够让二者同时提高，就是让他们作品中的抽象和肉身品质同时提高。这两种品质就可以转而并肩存在，以某种不顺遂的方式，作为另类的可选择情形存在。好辩的对立常会走向窒息。一场战斗更适合在两支橄榄球队间进行，而不是一对对立的概念或是实践，然而这种方式却常常是我们所坚持的游戏方式。我将避免此类的认识偏见，因为这种方式将更为有效地淹没我们的感觉而不是将之清晰化，但我必须说，在当下的环境里，人们总倾向于将抽象性和工具性置放到疑犯、该受质疑的专业主义的位置上，并认为直接和体验性在场只能存在于某种暗处的建筑之内，从来都不会在前者身上完全出现。结果，直接性和体验性显得远比间接性和抽象性的方式更具伦理感，更为有趣，更真实，更具被破坏的风险。这样的说法只能是在某种程度上成立，整体去看，实践中存在的各类间接性、抽象性、工具性就像学院里的艺术化标榜那样，也一样会是幼稚的、碍事的、无聊的。这二者之间的无聊可以说是半斤对八两，不相上下。

我们倒是可以在建筑学里使用的绘图对象和西方艺术中习惯上所使用的绘图之间做出一种区别。老普林尼（Pliny the Elder）讲过的那则关于绘图起源的故事就很有说服力。[11]这个故事在18世纪被当成了素材再次进入了视觉艺术之中（就像所有关于起源的故事一样，这个故事告诉我们更多的是关于讲故事的时代，而不是故事所要讲述的时代）。故事里，狄波塔德斯（Diboutades）描绘着她即将告别的情人的影子。如果我们比较一下两位新古典主义艺术家的版本——这二人，其中一位是专业的画家，另一位的建筑师身份更加闻名——二者之间的差别就会变得很明显。

艾伦（David Allan）于1773年创作的画作《绘画的起源》（The Origin of Painting）（见图4）画的是室内的一对男女。贴着石材的墙面提供着一种平整的表面。狄波塔德斯借助着一盏油灯在描着情人投在墙上的影子。油灯所处的高度正好就是坐着的男子的头部高度。申克尔（Karl F. Schinkel）对同一主题非比寻常的不同阐释之作创作于1830年（见图5）。跟多数其他阐释不同（同样也远离了普林尼的版本），很显然，建筑师没有选择某个建筑的室内作为他重构这一事件的背景，他选择了一处有着若干男牧羊人和女牧羊人的田园场景。[12]替代作画用的石材墙面的，是岩石自然裸露的表面。取代油灯灯光的是太阳的光照。这两幅画作都忠实于原来的故事，都把绘画表现成为一种投影功能，都比较清晰地显示了所需要素的组合：一处光源，一个被光照到的主角，主角背后的一张表面，用于描影的工具。然而，申克尔展示了可以完成这一任务的最少物质手段。从他的画上看，人类留在自然界里的最初记号或许就是用木炭在岩石上画下的线条，而艾伦的画上已经是文明装备都到了位，为绘画这一后到的充满魅力的反思性的附属品，提供着必要的条件。所以，这两种阐释或许都成立，只不过在艾伦的画中是由狄波塔德斯自己亲自完成这一任务，而在申克尔的画作中，是由一位健壮的牧羊人代为完成的。

申克尔画作所展示的巧思（artifice）是一个已经拥有了"尊卑差别"（deference）的组织化社会结构的巧思，绘图表达出脑力和体力劳动之间的差别，而这一差别，在艾伦画作那更为私密的环境中并没有出现。在申克尔的版本中，绘图先于建造，在艾伦的版本中，绘图出现在建筑之后。在这二人之间，反而是建筑师觉得该去表现在一个"前建筑"时代背景下的"第一次绘图"，因为没有绘图就没有建筑学，起码没有建立在几何界定出来的线条之上的古典建筑。在申克尔的画作中，绘图从一开始就是一种分工性的活动，可以分解成为一种先于行动的思考以及随后的手工操作，然后随着建筑的到来，在一个更大的尺度上将之复制成为设计和建造之间的区别。在这一版本中，男人是女人的仆人：女人构思，男人干活。

起码，从症候学（symptomatology）意义上讲，这里重要的是光照方式（译者注：医术里的症候学就是对病者表象症状的观察与解读，此处埃文斯将之转用到对光的诊断上去了）。艾伦使用的是一盏油灯，也就是说，是一种用于局部照明的点光源，从油灯发出发散的光线来。申克尔使用的是太阳，亦即，一种如此遥远的光源，等阳光经过地球时，那些过来的太阳光线都可以被视为平行线了。这两种不同的光对应着两种不同的投影，一种投影基于放射性投影源，通过透视的发展，这种投影在绘画中扮演了重要的角色；另一种投影基于平行投影源（parallel projectors），这种投影同样重要。通过正向投影（orthographic projection）的发展，平行投影在建筑中扮演着同样重要却很少被人认识到的角色。在画家的版本中，光源没

图4　艾伦于1773年创作的《绘画的起源》

图5　申克尔于1830年创作的《绘画的起源》

那么遥远，更为亲密，也没有那么高的分辨率；在建筑师的版本中，光源很是遥远，更加公开，强调着高分辨率。这或许恰如我们所期待的那样，不过，申克尔画上这些倾向的具体表达流露出他的职业偏好，他赋予绘图一种优先性、强势性和一般性，这些，在艾伦的版本中并不明显。

然而，最为明显的不同却在两幅画作中以一种不直接的方式体现出来。这跟艺术家作品的题材有关。在绘画中，直到20世纪，就像在狄波塔德斯的故事里那样，主题都取自自然。不管主题被怎样极大地理想化、变形化或是变质化，主题或类似的东西总被认为应该先于对它的再现。但在建筑中，这并不成立。建筑就是要通过绘图才变成现实。这里，题材（房子或是空间）不会在绘图之前存在，只能在绘图之后存在。我们姑且将之称为绘图中的"逆向性"原理。我可以列出这一原理的各种条件来，以便表明有时情况会很复杂，但是，这些复杂的情形不会改变这样的事实，就统计学意义而言——如果容许我这么说的话——这一原理很能说明问题。于是，我们可以揣测，在申克尔的画作中，建筑场景的缺失就是对于这种逆向过程的承认，因为绘图必须先于建筑，而在画家艾伦的画作那里，这一原理并不重要。艾伦跟在普林尼身后，天真地以为建筑可以在没有绘图的支持下就发展到了古典成熟期。

建筑中的绘图虽不跟从自然，却是先于建造的；建筑绘图与其说源自对绘图之外的现实世界的反思，还不如说是源自对某种最终会走到绘图以外的现实世界的生产。这里，经典意义的现实主义逻辑被颠倒过来，正是通过这样一种逆转，建筑绘图已经获得了一种巨大而且在很大程度上尚未被人们注意到的生成力量：它是悄悄地获得这种能力的。当我说这种能力还没有被注意，我的意思是说，人们还没有在原理和理论上认识到这种力量。从来就没有人去挑战建筑绘图之于建筑物体的霸权。人们看到的只是建筑绘图同它所代表的事物之间所存在的距离，以及从韦伯拒绝纸上建筑的异想天开以来就会不时出现的人们对于建筑绘图的拒绝——与此同时，人们仍在持续绘制着数量惊人的建筑图。[13]如果建筑算是艺术的话，在建筑艺术的领域里，存在着各种奇特的例子提醒我们在词语的层面之下人们还是会下意识地认可建筑绘图的独特优先性的。比如在"建筑人士肖像画"中，除了像在威利森（G. Willison）所完成的建筑师亚当（Robert Adam）肖像画（见图6）那样少数个例之外，就像雕塑家总有雕塑、画家总有画布陪伴那样，一般而言，建筑师的身边只有图纸陪伴。在后人看来，这些建筑师已经跟他们的劳动成果——建筑——之间隔离开来，倒是他们的主顾通常在肖像画上才有资格跟建筑在一起。[14]

仅靠一篇文章是根本展示不了在建筑形式的发展过程中绘图所扮演的硬性介入角色的全部意义的，也无法深入调查绘图创造带有这样或那样一致性的翻译媒介的方式的。下面的三个例子给我们带来较为充分的认识，让我们明白我们正在面对着什么。

我们在前文中已经暗示了正投影的重要性。虽说在上古晚期（late antiquity）（译者注：欧洲上古时期指的是古代国家出现之后到西罗马帝国公元476年灭亡的这段时间）人们就了解了平行投影的几何原理，像托勒密（Claudius Ptolemy）在公元300年前后就已经在一部关于日晷的著作中描述过这一原理，[15]然而，它在建筑绘图中的使用是到了14世纪才出现的。保留至今最早的一幅算是比较一致的建筑正投影图是保留在锡耶纳大教堂博物馆（the Opera del Duomo in Siena）的一张描绘着佛罗伦萨花之圣母大教堂的钟楼（the Campanile of S. Maria del Fiore）的大幅立面详图。这幅立面图被认为是对乔托（Giotto）原作的拷贝，绘于1334年后（见图7）。[16]说这幅图是最早的建筑图并不是要否认许多其他类似的建筑图——平面、立面、剖面——的存在，早在公元前的1000多年前就有了此类绘图。但是这张钟楼图在我看来需要两个前所未有的想象性步骤一起出现。第一，就是对投影线的完全抽象认识；[17]第二，需要认识到被再现的事物（比如建筑的表面），并不等于或者说不那么等于再现的表面的能力。钟楼顶上转角上有着斜切面的棱堡（bastions），还有楼顶对角位置的那些哥特窗，它们要以斜着的方式被画下来，但不能表示出任何透视短缩的效果。在其他保留下来的中世纪建筑细部图纸中，正投影关系对于立面上那些正向的、接近于共面的（being coplanar）部分都成立，但对在同画面呈夹角的斜向后退的面上的部分，却不是这样。[18]换言之，只有当绘图人认为建筑物本身足够接近一张平面并且是正面时，他们才会使用正投影。要有效地保

图6　威利森在1770年到1775年间绘制的建筑师亚当的肖像

持一排排看不见的平行投影点之间的关系，就像钟楼图的作者所做到的那样，这些平行线必须呈90°角投影到一张平面上去，而跟投影平面呈不同夹角的其他表面，那时，则需要一种不同层级的认识；这样的表现方式可能很好地解释了为何在缺少更为坚实的文本证据下，我们依然会接受乔塞菲（Decio Gioseffi）那仍有争议的权属认定。乔塞菲认为，[19]作为一个画家，乔托跟他的前辈们比起来，带给了绘画空间的表现远为重要的统一性。

将钟楼图纸和现今如此良好地保存在大英博物馆约公元前1400年时古埃及人绘在一张绘图板上高度发达的原正投影图（proto-orthography）（见图8）做个对比，就会显示出二者的差别。古埃及人的图不仅更为依赖外轮廓线以及对两肩之间人物形象偏平化的补偿性处理，好用此图为在石头表面压缩形式的浅浮雕的二次塑造做准备，古埃及人的图还依赖于一种手工劳动——就是雕刻师用凿子在方石块的表面上直接凿刻出这些轮廓线——让投影线们变得明晰。在人们提炼出正向投影法之前，在浮雕和雕塑的制作中，人们是要完全物质实体化地先把投影线刻出来，才能记住它们的。[20]

另一种选择则是：在钟楼图纸中，我们可以辨析出来两种很是不同的伴随着建筑绘图使用的可能性。建筑绘图可以基于简单且原始实用的假设，认为图纸的表面基本上相当于它所代表的壁画表面。通过平坦表面的神奇性，线条是可以从纸上被轻易地平移到石头上，墙面也就成了一种石化的图纸，被多多少少阴刻（inscribed）或是阳刻（embossed）地凿了一遍。古人这一做法的大部分，经由古典主义时期，一路传到

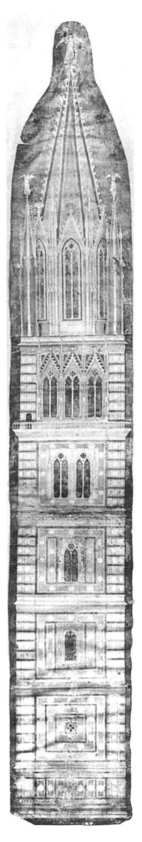

图7　佛罗伦萨花之圣母大教堂钟楼项目的立面图。乔托设计的复制图，时间在1334年之后

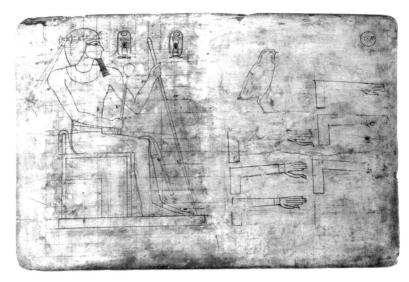

图8　古埃及人的绘图板。左首部分刻于公元前1400年前后

了今天，传给了我们，传入我们叫作"暗示深度"（implying depth）的职业性消遣行为当中去了。在一个实体性的三维物体上暗示出深度，就是要在一层浅浅的厚度上通过改动各种平面的凹凸，让人能得到那里有一个比实际深得多的印象。这就是在试图把虚拟空间和真实空间融为一体，放到一处，一个时间里——这是一种用简单技术手段所体现出来的复杂思想。在帕拉第奥绘制的圣佩特罗尼奥教堂（S. Petronio）立面图上（见图9），绘图和建筑之间的密切对应关系（但是二者并不完全相同）即刻就显现了出来。这是那类让阿尔伯蒂如此着迷的建筑：一种从"组成和构成着建筑表面的夹角和线条"的那些苍白、缩小、没有身体性的基本元素，生成出来的巨大的、纪念碑式的建筑，[21]一种通过绘图建造出来的并且有着绘图中同样一些视错觉（illusion）的建筑。因为在那些线条的起始和终止的方式中，我们通过一种清晰理解的多因共在的映像法（a well-understood reflex of over determination），[22]投影出来一个纵深感很深的空间来。用同样的方式，我们在阿尔伯蒂、布拉曼特（Bramante）、拉斐尔、罗曼诺、帕拉第奥的实体建筑身上也投射着纵深感很深的视错觉，因为他们的建筑就是运用着同样迷人的多因共在的映像法设计出来的。

　　暗示性深度感的话题已经变成了建筑学中最为空洞的口号之一，让我讨论这个话题，就像让我去穿别人衣裳那样感觉不舒服。不过，如果想要指出人们对于这一特殊视错觉的追求是怎样弄傻了建筑想象力，将之限制在这些特别传统的框框之内的，就一定要讨论这个话题。然而，要说这些习惯性做法在历史上毫无优点或是说成果全无的话，那就等于采纳了一种过于简单而虚假的谴责姿态。事实上，人们对这些视错觉效果的追求帮助这些图取得作为一种有效媒介的地

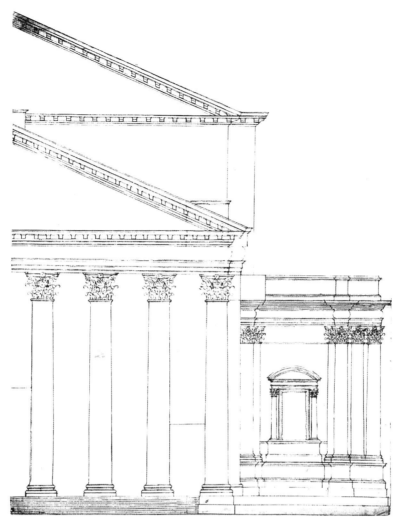

图9　帕拉第奥于1572年到1579年间绘制的博罗尼亚（Bologna）圣佩特罗尼奥教堂立面图

位，使得建筑师可以在图上释放想象，肯定地知晓设计的效果是否都传递了出来。

　　就因为有了对纸张和墙面之间充分关联的再次肯定，图纸才能变成建筑师们活动的场所，图纸才能吸引建筑师的所有注意力，并把建筑师的思想准确无误地转达给建筑物。然而，如果说绘图的优势就在于这种翻译的便利性的话，那它的劣势也来自同一个源头：建筑绘图和建筑物之间太过相像，它们的联系太过微妙，而且也都太过拘泥于对正面性（frontalities）的描述。

　　看上去似乎很显然，只有当建筑师可以抗拒这一倾向，不拘泥于绘图技法，让想象力翱翔在媒介的囿限之外，建筑师才能创造出彻底丰满的三维形式来。之所以看上去这么"显然"，因为所有的人都相信这一陈述。然而，这一陈述也可以"显然"错了。我现在就讲讲伴随着平行投影使用的第二种可能性。在钟楼图中，那些投影定位的被削过的表面所具有的肯定性和相对精确性，都表明绘图者并不需要把形式囚禁在正投影中。虽然正面的表面和图纸表面之间的对应关系在该图中仍然是主导性的，起码也还存在着一丝暗示，通过技术的严谨而不是不要技术的严谨，那些"被表现的表面"（the represented surface）是可以自己从那"表现图的表面"（the surface of representation）上脱落下来的，让自己从图纸的囚禁中解放出来，漂浮起来——不，用生动的措辞去解释同样会为之带来伤害。严格的投影并不会解放任何东西，不会是"释放"意义上的解放。在绘图的领域里，事物只是变得更加容易被掌控。对于任何物质实体而言，它们要获得自由，就得让抓它们的人松手，这并没有发生。

想象在一张纸的表面，长着无数想象中的正交线条。在保守且害怕失去规矩的传统建筑绘图中，用不了多久，这些正交线条就会充满线条所要对应的图纸背后那个按比例缩小的想象表面的各个边。就像在古埃及雕刻家的那幅立面图上那样，图上标出的正交网格线常有对石头表面进行阴刻时的定向之用，或者，在晚近的时候，正交网格线也常服务于"现象化透明性"（phenomenal transparency）的多层秩序叠加时的定向之用。在这两个例子中，正交网格线就像是带我们走入一个盲人的尚不具真实性维度世界里的引导性扶手——只不过，扶手都很短，两端都会固定罢了。然而，如果这些"扶手"变得很长，变得很抽象的话，又该怎样？这样的扶手不会约束建筑师形象化的能力吗？这样的扶手不会危及建筑师的掌控力吗？这样的扶手不会危及从绘图到建筑物的翻译吗？

我下面要讲的例子涉及了由菲利贝尔·德洛姆（Philibert de l'Orme）设计的一个小建筑中的一个细部。德洛姆真是个有趣的人。没有哪个建筑师能像他这样，将正投影从早前主要是画家们（比如皮耶罗、拉斐尔，或许乔托）使用的专利中夺过来。他的工作值得大书特书，我的这篇文章无法给予足够的详述。然而为了讨论起见，我们必须提及下面的事件。

在阿内（Anet）这个巴黎西部专为普瓦捷的戴安（Diane de Poitiers）所拓建的庄园里，德洛姆在1547年后曾设计过那里皇家小教堂的穹隆（the dome of the Royal Chapel）。在这个穹隆上，我们可以看到一张由线条组成的网。那些线条既不是严格意义的拱肋，也不是严格意义的藻井格子；既不是严格意义的螺旋线，也不是严格意义的放射线（见图10）。可是，这些线条却以非比寻常的精确，放线到了穹隆上，并被雕刻了出来。还有，我们很难即刻用几何化或是结构化这些风格语言去描绘这些线条身上直接走入视线的属性。其中，最为突出的属性是这些线条以拱肋的宽厚，以各种交叉的夹角，从穹隆的天眼一直连续不断地以菱形格子的方式延伸到了穹隆的底部。这样一来，形成的效果是一种连续的放大（enlargement）和扩散（diffusion），或者反过来说，形成了一种朝向天窗的旋转加速（rotary acceleration）、远去（remoteness）和集中化过程（concentration）。我们之前还真没有见到过类似的东西，虽然过去曾经有过类似图案的半圆壁龛顶（apse heads），比如在罗马，佩鲁齐（Peruzzi）设计的马西莫宫（Palazzo Massimo）的门厅处；罗马建筑藻井，比如在罗马尼禄的"金房子"外维纳斯神庙的藻井；地面铺砌，像米开朗琪罗可能在1538年设计的但要等到很久之后才实施的卡庇托林广场（Campidoglio）铺地。德洛姆可能都知道这些设计，不过，他的设计和它们之间存在着一个重要的差异。所有其他的设计都是用尺子（metrically）确定的，德洛姆的设计则是靠投影完成的。我们之所以这么说，因为德洛姆这样告诉我们：

"那些不嫌麻烦愿意理解的人将明白，我在阿内小教堂的这个球状穹隆（spherical vault）身上所做的，就是用诸多向相反方向倾斜的分支，组成了跟该教堂的地面铺砌和平面相垂直、相悬垂的格子棚顶（compartments that are plumb）。"[23]

他的这一陈述告诉我们，地面铺砌的图案跟穹隆的图案是相似的，因为我们在阿内的小教堂里的地面上的确看到了这一情形，因为德洛姆注明了相互垂直线们彼此投影。我们似乎可以定论德洛姆使用了投影，就像德洛姆的评论者们已经确定的那样。[24]

词语都是如此具有威力的东西，当词语跟视觉印象对应起来时——比如，说地面的铺砌就像穹隆时——词语就理所当然

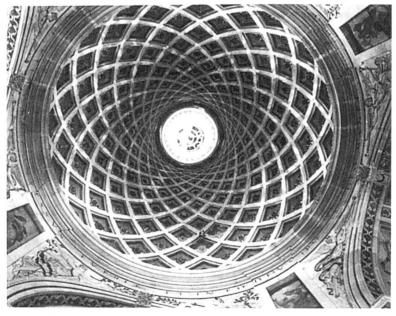

图10　德洛姆于1547年到1552年间在阿内设计的皇家小教堂。内部穹隆图版

地成了证明。奇怪的是，这一切就像是德洛姆精心设计的骗局，或者，起码我是想不出其他任何更好的解释去解释他为什么不遗余力地要掩盖他的设计过程。[25]到底是不是个骗局还在其次，更为有趣的是，为什么很少有人会注意到地面和天花的不同呢。比这两点都更为有趣的是，德洛姆到底用了什么方法在穹隆上得出这些相互交叉的曲面线呢。

我们之所以没有意识到地面和天花的差别，一个原因就是有关这一教堂从16世纪到19世纪末的图都明显地不正确。虽然图上的其他部分都相当准确，可是所有的图都无法不粗劣填满地表现穹隆上的格子甚至地面上的图案（见图11）。[26]然而，如果我们去看看真实建筑物里穹隆和地面的图案的话，就足以让我们都看到德洛姆陈述的不可能性。我们只需沿着穹隆18条经线的任意一条去数一数上面交叉点的数目，然后再数一数地面图案上相应半径上的交叉点的数目。在穹隆的经线上，有8个交叉点，在地面的相应半径上，只有6个交叉点。这一点已经足以说明平行投影根本不可能将天花投影到地面上的，或者将地面投影到穹隆上的。德洛姆的欺骗属于一种奇特且难以体察的欺骗，因为他做的远比他说出来的，不是少了，而是要多得多。

我们无法看穿德洛姆这一陈述的另一个原因在于我们第三个术语——"绘图"一词——的逃逸性格（fugitive character），以及它在我们有关建筑制作的记述中的近乎缺失。既然引出了这个话题，我将试图重构一下德洛姆到底采用了怎样的程序制作出穹隆曲面上的格子的。[27]

让我们暂时放下"地面"不管，先去看看穹隆。首先，我们当注意那些曲面肋线是怎样靠近天眼的圆圈，在那里掠过然后返回的。这样，它们就绕着天眼构成了18个连续的圈（事实上，这些绕着天眼的石头环都叠加在相切线上，请参照本文的后记）。

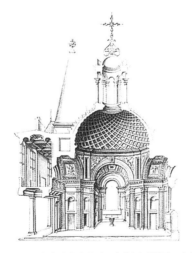

图11　阿内皇家小教堂的平面与剖面透视图。由杜·塞索（J.-A. du Cerceau）刻印

然后，我们该注意同一个圈下降回来的返回端头，它们是怎样与穹隆的"赤道线"相交的（在照片上，因为有檐饰的缘故，穹隆的赤道线被挡了起来）。于是我们可以将这一网络视为是由18个相同的泪滴状的环，在半球的表面上偏心地构成的，仿佛这些环都在绕着一根竖向的轴线旋转着。这是一些显然很是复杂的三维曲线，既不是真正的圆，也不是真正的椭圆。到目前为止，最有用的线索就是这些线构成了闭合的圈。那么，这样的线是怎么被精确地定位在球体表面的呢？肯定不是用先将半球划分出经线和纬线环，然后再求出对角曲线的实用方式——至少以我所知，这可能是多数建筑师面对类似问题时会采用的程序[28]——因为纬线的梯度变化无论如何也生成不了绕着天眼的那些切线。另一方面，德洛姆拥有着建筑界内非比寻常的或许是对投影关系很是独特的生动理解，这一点可以在他1567年发表的《建筑学一卷》（Premier Tome de l'Architecture）中体现出来。[29]那本书里，充斥着许多深奥的切砌石头的示意图，涉及各类叫不出名字的奇异曲线的投影。这些奇异曲线的显著特征之一就是它们都源自一个圆。但是，当圆们被压塌、被拉长、被缠绕、被以飞鸟掠过般的角度（at glancing angles）投影到圆锥上，投影到圆筒上或是投影到球体上的时候，这些圆就蜕变成为彻底可塑且易变的形状，它们的共同性只能通过投影程序本身看得出来。这是另外一个重要的线索。

那么，是否存在着一种方法，能够将绘制在一张平坦表面上的众多圆，通过平行投影，投影到一个半球上去，将它们转化成为一张一个交叉点都不少的泪滴状的网呢？答案是肯定的，而且答案还是一种最简单的可能方案：一个带有好多圆的环纹包（an annular envelope of circles）（见图12）。我认为，这个环纹包才是这个穹隆真正的平面。在这个包上的每一个圆，在投影的时候，都会产生另外一种封闭的曲线，但是有着很是不同的形状。想象这一情形最简易的办法就是想象用一个（译者注：直径小点的）圆筒体接触着某个半球的边缘切穿下去（圆筒体侧边作为投影源），就在半球上切出一个个这样环纹包上的圆。

出现位于半球上的封闭曲线，这图形的一半叫做"马蹄线"（hippopede），[30]看上去跟它所源自的圆一点都不像，虽然上面交叉点数目是一样的。而原初的那些圆与它们投影到了穹隆上的那些圆看着也不像。画在平面上的环纹包可以被视为有着某种不幸的面容，环纹中段的那些菱形们既无穹隆常具有的动感，亦无穹隆的伪结构构目，它们的分布方式貌似柔弱地瘫软下来，并没有张扬地记录下那些在穹隆身上朝向内环加速涌去的收缩感。因此，德洛姆并没有严格地在地面上刻下这件有着辅助意义的图案证据，他摆弄着这个图形，拉大了它，然后又把拉大的图形边缘裁掉，好让地上的图案看上去跟产生它的线交叉体系足够

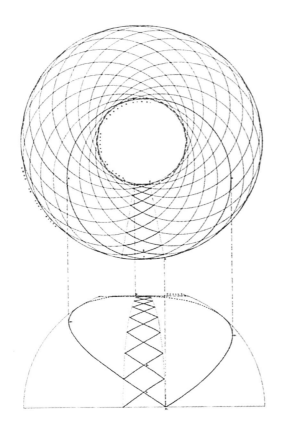

图12 由罗宾·埃文斯本
人绘制的阿内皇家小教堂
穹隆棚格的示意图

相像（见图13）。[31]从这里，我们可以推测，对于德洛姆而言，
那种看上去相像的欲望最终战胜了要去展示获得可见差异的严
格方法的欲望。通过毁掉这两个图案之间的投影对应关系，德
洛姆选择了去遮掩他自己的聪明。而在《建筑学一卷》中，德
洛姆令人难以忍受地无处不在吹嘘自己，相比之下，这种遮掩
倒更加发人深思。

　　这是一个有趣的发现，因为我们看到原来的几何图形完全
可以被拉大，而拉大之后的图形跟原来更为奇妙的图形比起来
的确显得有些丑陋。在这个例子中，通过将一个被德洛姆自己
在其建筑写作中称为完美起点，大家都公认如此的形状，通过
一种巧妙且有规则的扭曲变形，平行投影就从本没有那么有力
的图形当中生成了更为有力的图形：这个完美的起点就是圆。[32]
要带来皆大欢喜的结果，当然并不能只靠绘图技术，它们也同
样需要一种好奇的心灵，需要一种对形式内部所具有的感觉的
强烈预感，还有，就是需要一种对于将空间关系形象化的穿透
力。无疑，对投影的练习将提升这一能力，但是却买不来这样
的能力。还有，就像坚持认为只有建筑师无拘束的想象力才是
形式真正源泉的说法是冷酷的一样，把绘图技术描绘成形式创
新的唯一源泉也同样是冷酷的。要点就是，想象力和技术必须
一起发挥作用，彼此放大；反过来说，我们所探讨的那些形
式——这样的形式还有很多，不仅仅局限在德洛姆的作品里，

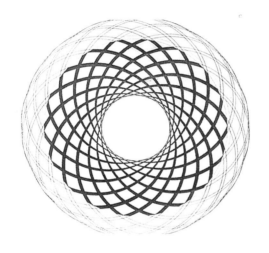

图13　A与B。二者都是阿内皇家小教堂地面铺砌图。如（左）图所示，地面铺砌图跟图12相比，是一个图12放大之后裁出来的一部分。由埃文斯本人绘制

而是出现在整个18世纪，一直到18世纪末的法国建筑身上——如果没有投影的帮助的话，也不能出现。对德洛姆平行投影的研究显示着绘图已经把想象力扩大到了没有技术支撑的范畴之外了。

　　这是一种新模式的建筑绘图，它在面目上更为抽象，在效果上更具穿透力，更能制造一种跟纪念性建筑通常使用的传统形式手段之间不好预测、更令人不安的互动，它对作为古典建筑基础的尺测体系下的比例性有着破坏作用，暗示着一种有悖于常态的认识论，这里，理念不再通过艺术被注入事物，而是理念通过艺术从事物当中被释放出来。于是，去制作就不是让事物去再现它们自身的起源去约束思想（这种再现的要求无论在社会生活还是在艺术里都是令人疲倦的约束），而是让思想成

为可能。

在阿内，那个穹隆拱肋的图案的确有着一个出处。我们甚至可以为它大致勾勒出多少有些可疑的图像志。阿克曼（Ackerman）在他关于米开朗琪罗的卡庇托林广场铺地的研究中曾经发现一幅中世纪的天象图（astronomical chart）上也有一种类似的12环图案，标志着一年之内月亮的运行轨迹。当然也只是也许，对这些天象图的溯源调查能够揭示太阳运行图与月亮运行图之间的联系，以及此类形式的另外一些示意图之间，比如，卡庇托林广场铺地和阿内穹隆之间的联系。[33]我们甚至或许可以揭开一种具有启示作用的象征性（informing symbolism），能够解释在阿内穹隆上越来越多的环的数量。虽然还没人这么做，我们还是可以先假设，对于象征意义的探求将带来一些具有说服力的成果。如果不在那个充满圆的环纹包里，不再只是服务于穹隆变形投影现象可以不做保留的形式框架里，这样的象征性又会藏在哪里呢？在具体的场合中，我们会不会被迫承认，象征性仅仅是形式形成过程中的一种成分，然后就消失了，并不会被形式一直所挟带呢？

产出并不总是跟投入相符。不过，建筑学曾被理解成是个能最大限度地保存意义和相似性，最小限度地防止从绘图到建筑的搬运过程中思想流失的奴隶。这就是所谓的"本质主义"（essentialism）的信条。在整个古典时期里（译者注：这是一个经常被泛化使用的定义。西方古典时期指的是公元前5世纪之后的古希腊盛期，有时会泛指古希腊和古罗马文明时段，然后指代文艺复兴之后的古典主义崇尚时期。埃文斯这里指的就是后者，即，法国艺术史里的17、18世纪），这种本质主义被视为具有范型性（paradigmatic）。这一观念常出现在建筑文本里，但并不常出现在建筑里。在德洛姆所使用的工作技术中，值得关注的东西是这一技术所完成的迷人变形过程（enchanting transfigurations）。在建筑理论的范畴内，这种迷人的变形过程也只能被写成是从这里到那里搬运真理的一种方式而已。奇特的是，只有把空间当成是一种均质化的存在，才有可能出现那些形式的柔软性。正投影正是语言翻译者们的梦想。在它的公理适用范围内，最为复杂的图形都可以自由地以完美一致的构成从一处转移到另外一处，不过，也正是因为这一严格限定的均质性才让扭曲变形变得可以测量。德洛姆所探索的，正是这样一种可能。

正投影作为艺术家和建筑师用于抗击猖獗的本质主义工具性的许多手段之一，[34]发挥过它的作用。本质主义工具性仅仅把艺术当成是某种形式的托运，某种将非肉身的理念搬运成为肉身表达的方式。这里，在正投影的过程中存在着一个颇为好玩的讽刺，一束束鬼魂般的严格平行线构成了正投影投射的一幕，这些平行投影线，纷扰了等级严格的概念空间，同时也把概念空间里的理念推向了事物。

　　本文的主题是翻译，我这里讲的是搬运。其实，还有许多拥有同一前缀的其他名词：比如，形象间的易容（transfiguration）、转化（transformation）、过渡（transition）、移居（transmigration）、平移（transfer）、传导（transmission）、彻底变形（transmogrification）、形象蜕变（transmutation）、运输（transportation）、变质（transubstantiation）、超越（transcendence）。这些词汇当中的任何一个都可以快乐地身处从绘图到物体之间的盲点上，因为在事件发生前，我们从来都不能肯定地保证过程是怎样展开的，在过程中到底会发生什么。我们或许可以像德洛姆那样去利用这一情形的优势，通过延长过程，在过渡中维持足够的控制，以便保证抵达更为遥远的目的地。我之所以记住了这个空洞的比喻是因为这一比喻多少道出了我所认为的在绘图中很大程度上尚未被认识的可能性。不过，有个不忠诚性的确挡在路上：那些目的地可不是什么遥远的奇异场所，等到我们去发现；它们仅仅是一些通过某种已知媒介或许可已被变成现实的潜在可能性。

　　但是，总挡在路上的还有来自对本质主义的虔诚与固守（常会将长久地被误当成深刻）。不管现代主义的公开破坏成就都是什么，现代主义并没有改变这一状况。在绘图的领域里，这种对本质主义的虔诚与固守通过如下方式发挥着作用，要么坚持一种真实且不可削减的表现性，要么坚持透视真实感，要么坚持只能使用纯粹几何形式或是纯粹数比（ratio）。

　　谈到最后一点，我们看到有大量的分析已经成为发表的文献，从17世纪一直到今天，人们都在通过潜在比例的存在探求着世界上最伟大建筑作品身上的秘密。我们不必否认建筑当中比例性的存在或是对于比例性的需要，但是我们的注意力或许应该导向某些错误的认识。不是所有的比例性都可以被简化成为数比的，然而，比例只有被理解成为数比时，才被建筑理论所接纳。所谓数比就是两个数字之间的比较，就像$1:\sqrt{2}$，或是3/4。因为数字本身没有实在的现实性，就必须被刻意地推向事物，我们必须去询问，在建筑身上数比是怎样变得可以感知的；对这一问题的回答，把我们带回了我们的出发点，那就是绘图。

　　除了数字之外，表达一个数比最简单的方式就是在一条线上进行划分，第二简单的表达方式是对一个表面上长与宽的设定。通过这样一种表面制作的方式，数比就居住到了建筑的身上。就像诺斯勋爵（Lord Frederick North）塞满一张椅子那样（译者注：诺斯勋爵，18世纪时在任的一位英国首相），如此表达出来的数比就填满了一张图纸：方方正正地填满图纸。那张图纸必须没有皱纹，没有褶子，必须要被正向观看，不然比例就发生了变形。如果建筑的面不那么符合欧几里得几何要求，或者观看的方式不那么正向，那形式就会更加变形。然而，只要建筑物的表面跟图面保持着对应性，成比例的数比还是可以误差较小地被平移过去的。从阿尔伯蒂到帕拉第奥，那些利用着建筑和绘图之间近似性的建筑师们，都特别关注过如何确立一套有关比例的法典。他们都特别警觉潜伏在第三维中的危险，这个第三维总能让在平坦图面上如此辛劳建造起来的美降格。[35]虽然这是一个令人烦恼的困难，但是，这还是遵守着本质主义教义所给出的熵化的价值论。就是以为，事物从理念向物体转移时总会堕落。这是一个在理论上很容易阐述的困难，然而绘图中的形象转换能力为何会是一种潜在的优势，却很难阐述。

从多数20世纪讨论建筑比例的文献中怀旧且教条的特点看，所有曾经美好、如今真正"失去"的东西，就是人们没有了任何感觉可以意识到思想所固有的局限性。一个代表着"重拾昔日天真"的显著例子就是吉卡（Matila Ghyka）对美国网球运动员海伦·威尔斯（Helen Wills）的面部分析。吉卡要证明威尔斯的美是基于黄金比的。[36]他所分析的其实并不是我们称之为面孔的那种圆圆的、有起伏的、有褶皱的、有孔洞的表面，而是另外一种表面，就是面孔通过摄影被压得扁平的表面（见图14）。我举这个例子，是把它作为对德洛姆在阿内所进行的程序的一种逆向反讽。威尔斯面孔的实在、诱惑、复杂的曲面，通过相机的镜头被投射到了一张平坦的表面上，然后在这张表面上，吉卡再刻写出一张用平面几何基本要素构建起来的不讨人喜欢的线的假面。从结论开始，倒着工作，您就找回了出现在阿内小教堂穹隆上的旋转浅浮雕顶棚了（spun fretwork）。在吉卡的分析中，基本平面几何成了基础；而在阿内，那只是个起点。

德洛姆的方法不是唯一的方法，还有其他的方式同样有效。如果我们研究一下那些撕开了绘图和建筑之间等价关系的其他项目——比如，博罗米尼（Borromini）的圣卡罗教堂（S. Carlo alle Quattro Fontane）或是勒·柯布西耶的朗香教堂（Ronchamp）——我们就会看到建筑师曾用不同的方式工作，尽管这两个项目都吻合着我们的偏见，就是天才建筑师（用博罗米尼拿野兽比喻自己的话说[37]，就是被缰绳折磨的马，被笼子关着的狮子）必须要挣脱几何绘图的约束而不是服从它。我对这一说法本身没有什么要反驳的，不过这种说法却让我们容易忘记去关注曾经存在——且一直存在——于绘图精确性之中的潜能，这种潜能也同样可以让建筑从那种同样呆头呆脑地对形状、贴切、基质的服从中挣脱出来，而且是从常规用来强化这种服从的媒介内部，开始这种挣脱。

当下流行两则广告：一则是关于家用油漆的电视商业广告，电视上出现的是某位粗野格拉斯哥（Glaswegian）艺术家那零乱又肮脏的阁楼，而他的画室却被一位仔细又沉着的装饰设计师粉刷得洁白无瑕；另一则广告是专为"青年就业计划"设置的报纸广告，上面出现的是一个小丑，正在墙上喷出"Spur"

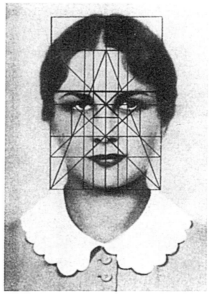

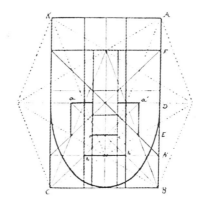

图14　摘自吉卡1931年出版的《黄金
比》（Le Nombre d'or）中有关威尔斯
面部比分析的三个步骤

（加油）一词，然后这个小丑就变形成为一位穿了白色工装的学徒，正在为同一家足球俱乐部喷着一枚整齐的小牌子。这里，展示出来的是公众喜爱整齐感的荒谬偏见：整齐已经成了文明的一个标志。当然，也存在着一种反向的偏见，一种反作用，一种文化性的赎罪，这一反向的偏见同样存在着局限性，它所支持的是把没有规范和不要计划当成是艺术和情感的标志。这两种偏见都不成立。然而，二者都在某种程度上体现着人们做事的方式。

我认为，我们是可以书写一部跟风格、跟意指（signification）都不太相关的西方建筑史，相反，我们可以把关注的重心放到人们做事的方式上。这样一部建筑史中的很大一部分将是关于绘图和建筑之间的空白的。在这样的建筑史中，绘图倒不会全部被当成是一种艺术作品，或是一种从一个地方到另一个地方运送思想的卡车，而是作为托词和借口的场所。在这里，绘图以这样或那样的方式试图摆脱一直是建筑最牢固基础，也是建筑最大依靠的常规的巨大重量。这是我的许多抱负之一：写一部已经多次被人提及的布莱克（William Blake）画中的那个建筑师兼几何家的历史（见图15）；我还想写一部布兰迪（Giacinto Brandi）画中人的历史（见图16）[38]，我要赶紧加一句，不是因为这位女子如此年轻和美貌，而是因为在她的面部和她的身姿上有着不常见的表现力。这是一种在17世纪绘画中通常专门保留给妓女和交际花的那种表现方式。画作主角的身份不清，它的标题《建筑？》（L'architectura？）中体现着一种现代的假设，而这一假设只是基于画面上的人物手里拿着的圆规，仅此而已。我们或许可以询问，这样一位女子用她显示给我们看工具，到底会做些什么。

后记

我在写完了这篇文章后才探访了阿内，实地见到了小教堂里的穹隆和地面。实地的效果就像我描述的那样，不过有一个例外，有一个细部逃开了我的注意，我没能在手上的照片上注意到它。我回来之后，我所拍摄的照片之一展示了这个细部。在照片上去辨认穹隆和地面的投影关系要比在建筑内部去辨认更加容易些。在现场，穹隆和地面是不能被同时并排看到的，只有对面貌相似性的回忆才能承载建筑内部穹隆和地面的关系。（因为很难做直接对比，德洛姆对投影对应的调整，以便让地面和穹隆内表面看上去更相像的做法，才显得更加有效，也更加狡猾）。在我对小教堂穹隆的记述中，那个有出入的细节就是18根肋绕着天窗环圈缠绕的方式。我以为，那些拱肋是用切线的方式绕过天窗环圈的——站在地面上看，那些拱肋的确会给我们这样的印象——但是事实不是。事实上，天窗环圈多少有些切入了肋们的交叉格子，删掉了最上面一圈的半个菱形格子。

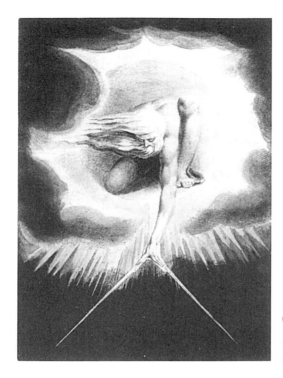

图15　布莱克的画作《上帝》
（The Ancient of Days）。也是
1794年出版的《欧洲：一则
预言》（Europe：A Prophecy）
的封面

图16　17世纪时布兰迪绘制的《建筑？》

显然，这是德洛姆对投影对应物的另外一处修改，因为地面上的理石镶嵌的确就包括了图案的这一部分。很可能，这一特别的修改跟穹隆和地面表面上的相似的伪装无甚关系，更多的是因为在穹隆更易碎的石头身上切出如此尖锐夹角的技术困难。

注释

1. 源自拉丁语里"translatio"一词，指的是把某物从一地挪到或是运送到另一地。

2. 劳伦斯·韦斯勒（Lawrence Weschler），《看的过程就是将所看事物名字忘掉的过程》（Seeing is Forgetting the Name of the Thing One Sees）（伯克莱，1982）。这是一本研究罗伯特·欧文（Robert Irwin）的书。

3. 迈克尔·巴克森德尔，《乔托与辩家：意大利人绘画的人本主义观察者以及1350年到1450年间对画面构图的发现》（Giotto and the Orators: Humanist Observers of Painting in Italy and the Discovery of Pictorial Composition 1350—1450）（牛津，1971）。

4. 克拉克，《人的形象》（The Image of the People）（伦敦，1973）；《完全的布尔乔亚》（The Absolute Bourgeois）（伦敦，1972）；《表现现代生活的绘画》（The Painting of Modern Life）（伦敦，1984）。

5. 诺曼·布赖森，《词语与形象：法国旧制度时期的绘画》（Word & Image: French Painting of the Ancien Regime）（剑桥，1981）；《视觉与绘画：凝视的逻辑》（Vision & Painting: The Logic of the Gaze）（伦敦，1983）。

6. 佛蒙特州（Vermont）的本宁顿学院（Bennington College）。

7. 最具启发性的跨门类论述当数克劳斯那篇"旷野中的雕塑"一文了。该文刊于《十月》杂志第9期（1979）；还有：克劳斯，《先锋派的原创性以及其他现代主义神话》（The Originality of the Avant-Garde and Other Modernist Myths）（波士顿，1985）。

8. 其他人还应该包括诸如瓦特·德·马里亚（Water de Maria），罗伯特·欧文，高登·马塔–克拉克（Gordon Matta-Clark），唐纳德·贾德（Donald Judd），罗伯特·史密森（Robert Smithson），迈

克尔·黑泽尔（Michael Heizer），克里斯多（Christo），罗伯特·莫里斯（Robert Morris），丹·弗莱文（Dan Flavin），德玛纳·瓦伦汀（De Wain Valentine），马里奥·梅尔泽（Mario Merz），约翰·亚琛（John Athen），萨拉·布拉德皮斯（Sarah Bradpiece），大卫·马赫（David Mach），等等。我们面对这些艺术家时所要提出的问题倒不是他们是否会使用绘图（其中有些人会），而是他们是怎样使用绘图以及为何。毕竟，绘图会传给它所再现的事物某些重要的属性。上述艺术家的许多作品，也就是那些看上去很几何化、貌似可以完全被消减成为绘图的作品，其实并不是绘图，因为那些作品仍然拥有着物质和光感的属性，所以尽管它们像是在模拟绘画，却不是朝着研究性绘画的方向在发展。把它们想象成为研究工具正是当下建筑学院里流行的无望幻觉。

9. 的确，这是真的，比如在拉尔森（Kay Larson）那篇不然很是优秀的关于特瑞尔的"惠特尼（Whitney）美术馆回顾展"的述评。见《艺术论坛》（Art Forum），1981年1月刊，第30至32页。

10. 我知道我的描述跟芭芭拉·哈斯克尔（Barbara Haskell）对于特瑞尔另外一个装置系列《拉尔》（Laar）的描述有多么相近。她的述评刊登在《艺术在美国》，1981年5月刊，第90至99页。我是先读了哈斯克尔的文章再亲自去看特瑞尔的作品的，我甚至在某些讲座中朗读过哈斯克尔的文章。然后，我才试图从不同的角度去评论此类装置，但是我发现这么做很难。这肯定是我从芭芭拉·哈斯克尔那里受益的一种标识，或许也显示着特瑞尔作品中无法逃脱的一致性。其他，请参见之前提到的拉尔森以及苏姗·波特格尔（Suzaan Boettger）的文章，见《艺术论坛》1984年9月刊，第118至119页。

11. 老普林尼，《博物志》（Natural History）第xxxv卷，第151段。另外参见贾克斯·布莱克（K.Jex-Blake），《老普林尼书中有关艺术史的章节》（The Elder Pliny's Chapters on the History of Art）（伦敦，1896）。画家们所取材的故事被老普林尼当成"模特写生"（modeling）的起源记录下来（狄波塔德斯的父亲是位陶匠。之后，他在人头的轮廓线内填上了黏土，制作了一幅浅浮雕）。

12. 申克尔的画作是这类画风里最不一样的了。虽然我们可以把申克尔的画作当成是对狄波塔德斯故事的展示，但在老普林尼的描述中，影子是投在墙上的，而申克尔的画作里全无建筑存在。这一点，以我所见，除了1675年约阿希姆·冯·桑德拉特（Joachim von Sandrart）所给出过的另外一个版本之外，是独一无二的。申克尔似乎是把老普林尼的故事（妇女作为绘画的发明者）和桑德拉特版本中男牧羊人在地面上描摹羊的影子一事叠加了起来。参见展览目录书207a《申克尔：建筑、绘画、艺术作品》（K.F.Schikenl: Architecktur, Malerei, Kunstgewerbe）（柏林，1981）第267页；还有，罗伯特·罗森布鲁姆（Robert Rosenblum）的文章"绘画的起源"，见《艺术公报》，1957年12月刊，第279至290页。

13. 作为韦伯最狂热的崇拜者之一，莱瑟比（W.R. Lethaby）指出过这一矛盾。参见莱瑟比，《菲利普·韦伯和他的作品》（Philip Webb and His Work）（伦敦，1979），第117至125页。莱瑟比写道："存在着两种思想，一种是坚固、诚实、人性的建筑物，另一种是面向展览的设计方案的绚丽图纸。"

14. 在这些艺术家的肖像画里，还是应该做出进一步区分的，一种是用工具去代表职业（比如，画笔、雕刀或是分规），另一种则直接显示了作品本身。

15. 见图尔默（G.T.Toolmer）有关"克劳迪乌斯·托勒密"的解释，出自吉莱斯皮（Gillespie）编撰的《科学传记辞书》（Dictionary of Scientific Biography），第xi卷，第186页之后，以及《大至论》一书（Claudii Ptolemaei，Liber de Analemmate）（罗马，1562），此书绘有许多示意图。

16. 达奇奥·乔塞菲，《建筑师乔托》（Giotto Architetto）（米兰，1963），第82至84页。进一步的观察显示出投影中某些微小的不一致性。例如，内嵌着深色理石方块的转角棱堡的切面上显示着一条条竖向的内嵌条带，它们在正向面和斜向面的宽度竟然是一样的。不过，下部那几片嵌板上则正确地显示出来斜向面上宽度的成比例短缩。

17. 有趣的是，老普林尼的书里也记录了希腊几何的起源故事，并且跟绘图的起源故事很是相似。据说泰勒斯（Thales）曾经测量过埃及金字塔投影在地面的长度，并与同日同时已知高度的小尺度竖向标志物的影子做对比。正如梅瑟（Bruce Meserve）所指出的那样，认识到这两种事物所需要的形式等价，那就得在竖向标志物的顶端到地上影子的顶端之间构想一种想象性的连线，于是就开启了一种有关抽象线条的几何学。米歇尔·塞拉（M.Serres）则讨论过这个故事里的无知觉性。塞拉认为，抽象线条应该在一栋建筑的测量中就会被发现，因为建筑物的建造总是事先就需要此类知识。相关讨论见，布鲁斯·梅瑟，《几何学里的基本概念》（Fundamental Concepts of Geometry）（纽约，1983），第222至223页；以及米歇尔·塞拉，"数学与哲学：泰勒斯看到了什么"一文，收录在《赫尔默斯》（Hermes）（巴尔的摩，1982），第84至96页。

18. 此类绘图中的最佳例子也收藏在锡耶纳大教堂博物馆里。那是一幅绘于1370年前后的锡耶纳施洗教堂的立面图。绘图人可能是多米尼哥·阿戈斯蒂诺（Domenico Agostino）。深陷的入口和侧廊窗子开始告别正投影。参见约翰·怀特（John White），《1250年至1400年意大利的艺术与建筑》（Art and Architecture in Italy 1250—1400）（哈芒斯沃斯，1966），第327页第154图版。怀特还讨论了意大利此类画法的早期绘图，就是由洛伦佐·马伊塔尼（Lorenzo Maitani）于1310年前后绘制的奥维多大教堂（Orvieto Cathedral）的立面图（见292页）。

19. 艾迪·巴卡斯基（Edi Baccheschi),《乔托作品全集》（L'Opera Completa di Giotto）（米兰，1966）第126页。巴卡斯基不认为这是乔托的作品；不过，怀特（之前所引著作，第172页）认为很可能出自乔托，而特拉亨伯格（M.Trachtenberg）强烈地认为，这就是乔托的设计，甚至就是乔托自己绘制的图。特拉亨伯格，《佛罗伦萨大教堂的钟楼：乔托的塔楼》（The Campanile of Florence Cathedral: Giotto's Tower）（纽约，1971），第21至48页。

20. 根据潘诺夫斯基（Erwin Panofsky）的说法，不止古埃及的浅浮雕不是这样，就是雕塑也不是这样。见潘诺夫斯基，《作为对风格史一种反思的人体比例理论史》一文，收录在《视觉艺术的意义》（Meaning in the Visual Arts）（纽约，1955），第60至62页。

21. 见阿尔伯蒂，《建筑十书》或《论建筑》，列奥尼英译本，里科沃特编辑（伦敦，1955），第1书，第1章。

22. 贡布里希（E.H.Gombrich），《艺术与视错觉》（Art and Illusion）（伦敦，1972），第iii部分，特别是"第三维的暧昧性"，第204至244页。

23. "那些不嫌麻烦愿意理解的人将明白，我在阿内小教堂的这个球状穹隆身上所做的，就是用诸多向相反方向倾斜的条枝，组成了跟该教堂的地面铺砌和平面相垂直、相悬垂的格子棚顶。"德洛姆，《建筑学第一卷》（Le Premier Tome de l'Aexhitecture）（巴黎，1567），第xi章，第112页。

24. 晚近有关德洛姆作品最为全面的著作当数布伦特（Blunt）的

《菲利尔贝·德洛姆》（伦敦，1958）。布伦特注意到问题中的投影联系，并认可这一点（第43页）。

25. 德洛姆曾经提到过怎样把地面图案投影到穹隆的过程。他给读者提出了一个相似的建议，然后就开始展示过程和解释。这一过程包括怎样把一个平面表面的图案投影到一个球体的表面（见上一注释的著作，第xii章，第112至113页），但是地面铺地上只是一些更为简化了的向心的方格子，它们被投影到穹隆上的效果很容易在平面上就被想象出来。

26. 这是德洛姆自己发表的剖面透视图，像他多数的透视图一样，很简陋。这张图没有准确显示穹隆格子，也没有给出地面的图案（不过，在德洛姆的众多透视里，有一张图例外，显示着地面铺砌，并有着跟穹隆上相同的交叉点数目）。德洛姆有关这个小教堂的正投影图都没有保留下来。由杜·塞索在《法国建筑精粹》（Les plus excellents bastiments de France）第2卷中（巴黎，1607）发表的平面图上显示着地面铺砌（弧的数目出了错，形构正确），但是由于叠加了天窗平面，结果遮挡了地面图案的最关键部位。而由鲁道夫·普夫洛（Rudophe Pfnor）在《阿内堡专辑》（Monoraphie du Chateau d'Anet）中发表的测绘平面图（布鲁塞尔，1867），初看上去显得准确许多，保留了曲线们的拓扑特征，但是并没有把它们画成圆弧，而在剖面图上，曲线和它们在穹隆上的交叉点都跟真实建造出来的穹隆图案对不上。

27. 布伦特注意到藻井图案的原创性，注意到它跟习惯上使用纬线和经线分割穹隆的做法之不同以及现有图纸上的不准确之处，然而，尽管有着这些很有洞察力的观察，他自己的论述却很快偏离了方向。他写道："串起天眼上的每16个点（译者注：布伦特原文的错误），都可以画出两个巨大的圆，把天眼在赤道线上的两点连接起来。这两个圆在平面图上看，彼此呈180°角。"布伦特所做的，其实就是在描述杜·塞索给出的地面铺砌图（那张图上，只显示了16对枝肋，不是18，而且还把弧线称为大圆，没有意识到杜·塞索图纸上天窗平面叠加上去，就造成了他这段话里所描述的效果。换言之，布伦特是在描述地面图的局部，而不是穹隆图的整体（大圆是无论如何都不可能在半球表面相遇两次，除非交叉点是在边缘上）。参见布伦特之前著作，第39至42页。在我自己的调查过程中，我使用了严格的照相测量法（photogrammetry）。我采用的该教堂穹隆和地面照片来自考陶尔德研究院（Courtauld Institute）的康威图书馆（the Conway Library），以及《乡村生活》（Country Life），1908年5月16日刊，第702至704页。在我看来，这种方法也并非是万无一失的，而只能是恰当的。它肯定比仅从现有图纸去判断会更为可靠。

28. 如果我们把一个球体当成地球仪那样去划分出等距的经线和纬线，然后把经纬线网格的对角点连线连起来的话，也会得出类似的图案（见本文的图11，此类作法参见温佐·雅姆尼策尔（W.Jammitzer），《规则体透视》（Perspectiva Corporum Regularium）（纽伦堡，1568）G系列，第v图版）。不过，这种图案跟阿内穹隆图案明显的不同之处在于，所有螺旋的对角线们都是从球体两极极点放射出去的，而在阿内穹隆身上，那是没有曲线经过的一个空白区。用简单的测量划分法也可以得出米开朗琪罗在卡庇托林广场上铺地的图案。先用一对大弧和一对小弧，建构出一个椭圆来。然后，将这对大弧小弧在椭圆周长各自进行6等分。这很容易办到。然后，把周长上等分出来的点跟椭圆中心点连接起来形成一条条放射线，再将这些放射线6等分。将这些放射线上的等分点连起来，就能得到一条条穿越了放射线的同心椭圆线组成的网。在网格上，每隔一个格子连一条对角线，就得出了卡庇托林广场上铺地的图案。同样，这些对角线都汇聚向中心。

29. 德洛姆的切砌术值得专门的研究。他有关切砌术的著作是此类技术中最早的出版物。他的切砌术在法国建筑中一直到18世纪还独领风骚，并在19世纪仍被系统地传授着。参见珀鲁斯·德蒙特克洛斯（J.-M. Pétrouse de Montclos），《法国建筑》（L' Architecture a la Francoise）（巴黎，1982），第2部分、第3部分，特别是第80至95页。

30. 在古希腊几何学中，除了圆以及圆锥体剖面问题，马蹄线算是少数曲线之一在当时就获得了专门的研究。公元前4世纪时，数学家欧多克索斯（Eudoxus）就曾研究过马蹄线的属性。见卡尔·波叶（Carl Boyer），《数学史》（A History of Mathematics）（纽约，1968），第102页。至于德洛姆是否了解希腊人对马蹄线的研究尚不清楚，即使德洛姆研究过希腊成果，我们也不清楚这种研究到底在他的小教堂穹隆上起到了哪些帮助。

31. 这一解读符合地面铺砌图案上交叉点减少的数目。更为重要的，它符合地面铺砌的菱形图案的形态生成。在我提出的作为穹隆网格基础的环线包身上，在那些成角度的环中段都是最开阔的，在靠近里侧和外侧的地方，格子都会变偏。而在真实的地面铺砌身上，因为圆线们的半径都被增大了，拉大了环线包的外围边缘，原本应该有8圈的菱形格，在真实的地面铺砌中只剩下6圈。（从天眼处向外数）第4和第5圈菱形格有着同样的比例，第6圈的格子（也是最外圈的格子）明显变偏，跟第3圈格子的比例相近。这一事实支持着我的推测，因为这恰恰就是8圈环线包的属性。这样说来，不仅地面图案就是穹隆图案的放大版，还因为穹隆下方突出的檐口遮挡了人们看到穹隆底部边缘的视线，也遮挡了最底圈菱形格的大部分，才让穹隆可见部分的格子密度几乎等于地面上的格子密度了。

32. 德洛姆，《建筑学一卷》(Premier Tome)，第33页。不过德洛姆跟17世纪其他建筑作者比起来，并没有那么坚持推崇圆的完美性。他更喜欢赞美十字图形。

33. 詹姆斯·阿克曼，《米开朗琪罗的建筑》(The Architecture of Michelangelo)（哈芒斯沃斯，1986），第167至168页。我很感谢理查德·佩特森（Richard Patterson）为我提供了这一线索。

34. 人们通常认为正是因为有了唯心主义（idealism）和本质主义（essentialism），才让我们免于实证主义工具性的奴役。这或许是真的或许不是。但是我想指出，唯心主义和本质主义也具有令人讨厌的其他类型的工具性及其他方式的奴役。所以我认为，令人讨厌的当是某些类型的工具性。

35. 于是，在自己《论绘画》一书中比别人更为积极宣传透视知识的阿尔伯蒂，在他的建筑专著中则批评透视的扭曲性，译见《建筑十书》（1955），第22页。在此后的几百年里，众多作者都曾讨论过比例是怎样不可避免地要被眼睛扭曲的，以及为了抵消比例三维体现时的视觉欺骗怎样进行实际"调整"的话题。克洛德·佩劳（Claude Perrault）在其《古典建筑的柱式规制》(Ordonnace des cinq especes de Colonnes)一书中针对比例和"调整"给出过精彩但是很具批判性的论述（巴黎，1683），见《论五柱式》，约翰·詹姆斯译（John James）（伦敦，1708）。

36. 玛提拉·吉卡，《黄金比》(Le Numbre d'Or)（巴黎，1931），第55页，第18至20图版。

37. 约瑟夫·康纳斯（Joseph Connors），《博罗米尼与罗马祈祷教堂》（Borromini and the Roman Oratory）（波士顿，1978），第3页。康纳斯于1982年在英国建筑联盟学院举办的有关圣卡罗教堂（S. Carlo）的讲座对于我们理解博罗米尼对绘图的使用很有帮助。

38. 雷纳托·古图索（Renato Guttuso），《卡拉瓦乔作品全集》（L'opera completa del Carravaggio）（米兰，1967），第108至109页。

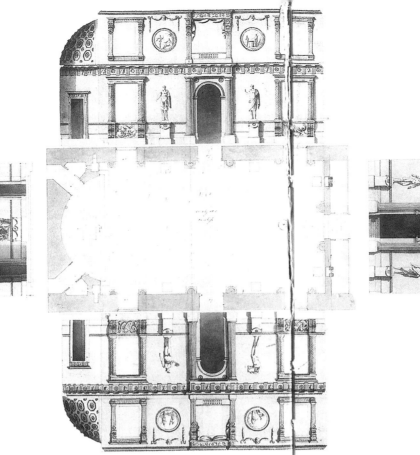

图1　亚当1761年绘制的锡恩住宅（Syon House）大厅的剖面图

展开面：对 18 世纪绘图技法短暂生命的一次调查（1989 年）

　　这篇文章与其说是在书写对某个论题的阐述，不如说是通过记录来发展某些思想。本文的立意很大程度上来自于一稿又一稿的修改过程。此处有些絮烦的序词旨在说明这一话题有着值得我们去探索的原因，因为还有许多人未必就那么清楚为何我们就该去关注室内空间的设计方式以及有关室内的绘图方式。

　　虽然18世纪末、19世纪初的英国室内空间并不处在建筑学中通常被视为足够严肃或重要的话题范围之内，可我相信，它们是能为室内空间这一领域提供大量稀缺素材的：就是在视觉性事物（things visual）和社会性事物（things social）之间的强烈互动的证据，尽管我们总是倾向于认为（或许错误地认为）这是一个比建筑理论的宏大问题要低下的层面。在很大程度上，这是因为那些实践者会更为明确地意识到他们的作品具有社会和历史的具体性；而他们作品的终极合理性既存在于作品所依赖的社会环境，也存在于一些永恒的、一般性的、统一性的艺术原理之中。

是的，我们所要综述的某些作品的确没有太多本质上的兴趣点，它们只是曾经满足着一种流行的家居品味要求而已。像雷普顿（Repton）、史密斯（Smith）、兰迪（Gaetano Landi）、理查德森（George Richardson）设计的室内空间可能只能被视为是某种社会史的一分子，除了作为某些广泛的潮流或是别的什么东西的实例之外，它们身上并无什么大的闪光点。罗伯特·亚当设计的室内不是这样，然而，就一种越来越从理论文本的角度去构想的新古典主义而言（a neo-classicism），亚当的设计也变得边缘化了。

　　亚当作品的品质，必须被放到一个非常不同于勒杜、辛克尔或是皮拉内西（Piranesi）的环境中去研究。诚然，皮拉内西对亚当的天分很是仰慕，反过来未必成立，皮拉内西对亚当的仰慕源自亚当职业生涯的早期作品。即使这样，那时，皮拉内西正忙着测绘古代建筑，这二人之间很难在那时有过什么共享的动机。我们或许可以说，皮拉内西的作品是理论性的，亚当的作品不是。但是这样的说法似乎在贬低亚当的觉察力，给人一个好像亚当的建筑不够知性的印象，仅仅是装饰和投机的作品。同样，我们也可以用亚当更切合实际的活动将皮拉内西具有想象力的作品比下去，就好像实践活动必然要妨碍想象力似的。这就是常常出现的情形。我们之所以这么看，恰恰是因为我们预设了实践活动不会给想象力以空间（不然的话，无定形的、不确定的想象力，谁又知道它能带来什么）。可多数的时候，亚当作品中的想象力成分就源自那些令其他建筑师都觉得头痛的繁琐实用性上。当我打量着一前一后的钱伯斯（William Chambers）的萨默塞特住宅（Somerset House）平面和亚当设计的哈伍德住宅（Harewood House）平面时，就会感慨于这一点。钱伯斯的设计始于一种宏大的罗马府邸设计，最终得出的是一个相当低调的方案，亚当的设计始于一种不起眼的平面，最终却又像以往那样得出了一个愈发生动的方案。我这里提出这一现象，并不是要给建筑师当中持有反理论立场的人以某种不加辨析的肯定（a blanket justification）（远非如此），但是这一现象的确暗示着建筑中富有成效的实践并不总是发生在从某个理论到某种形式的过程之间。

　　或许我们更应该说，皮拉内西的作品放眼望去还是嵌入某个网络之中的，其中，皮拉内西的辩论性文章同样出色。而亚当的作品呢，放眼望去，则处在一个以主要凸显着他那些业主的社会活动和倾向的网络中。这是一种不太完美且有些繁冗的解析，但是起码它避免了一上来就诋毁那些不处在理论保护伞下的突出事物。毕竟，亚当很容易就遭受到英国社会史学家汤姆森（E.P.Thompson）抨击科伦·坎贝尔（Colen Campbell）式的羞辱（译者注：坎贝尔，苏格兰人，活跃在17和18世纪英格兰的建筑师、作家，乔治王风格的倡导者）。经由坎贝尔，几乎所有18世纪成功的英国建筑师都可以被一个词去羞辱：就是女性化的媚态（obsequiousness）。汤姆森至今还在用着这个词。

于是，我试图转移一下我们习惯中的兴趣焦点，我把重点放到了18世纪末、19世纪初的室内空间身上。我既不是把它们当作鉴赏对象，也不是把它们当成建筑理论的投影（adumbrations），更不是把它们当成支持或反对把室内设计视为奉承性专业那种立场的道德筹码，而是把它们视为人类事务某个特殊领域里能见的存在。在人类事务的这一领域里，室内空间就是要保留住它们的能见度，而不是失去它。我试图书写一种既不属于这，也不属于那，更不属于其他的东西，好保持住从建筑转换成为词语的过程中很容易丢失的一种属性。如果不是因为我转向了另一个关注点——即绘图技法——的话，我之前那隐晦的战术就会彻底错失方向。随着我把重点转移到了绘图上，或许我就可以去（我以为，我可以第一次有些许成功的希望）把一边上的形式性、空间性、能见性以及另一边的社会性，当成是它们在进行交换，而二者之间的交换并不意味着其中之一就注定要破坏或统治另外一个。难道不是这样吗，难道人们不是通常把社会性解读成为某种令人眼花的事务，与其说是包容能见者不如说是在吞掉能见者，从能见的事物身上挤出其社会意义，好像只有那样，社会性才能被吸纳到既有社会知识的词语代谢中去吗？

在谢拉顿（Thomas Sheraton）1793年发表的《细木工与装潢者制图书》（Cabinet Maker and Upholsterer's Drawing Book）那寓言式卷首插图的下方，写着如下文字："时间将改变时尚，并常常会淘汰艺术作品和独创性，但是那些由几何和真正科学构建起来的东西将保持不变。"在一本关于家居装潢这么一类更迭相对迅速的商品性话题的书里，这样的表达显示了一种非凡的情感。谢拉顿所做的就是把重点从家居本身这种随着品味反复变化的东西，转移到了表现家具的技法身上。谢拉顿认为，表现技法并不会受到品味的变化而变化。就像在建筑学里那样，家具设计也是如此：绘图被视为基础。这一警句所援引的"几何和真正的科学"指的是用于绘图的几何学，这也正是谢拉顿的书所要讨论的话题。该书囊括了为单件家具或是共处某个室内场景时若干家具组合绘制透视图和正向投影图的各种指南。

颇具有讽刺意义的是，谢拉顿这本书里所描写的建筑绘图技法之一，至少在他的书问世时已经处于垂死挣扎的状态（见图2）。还有，也正是像谢拉顿本人这样的家具制造者们不经意间帮着把这种绘图技法推向了灭亡。

本文在接下来的论述中将提出，表现的技法远非持有什么

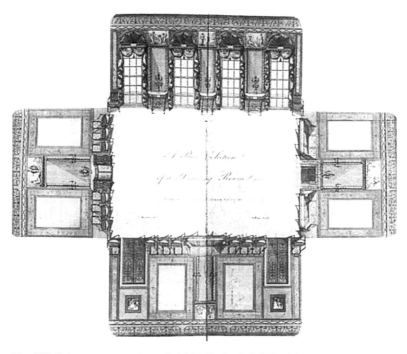

图2　谢拉顿（Thomas Sheraton）1793年出版的《细木工与装潢制图书》上一间客厅的平面和剖面图

永恒的价值，它们会跟着感觉的变化而变化。建筑绘图会影响到那个我们或许可以称之为"建筑师能见事物的场域"（the architect's field of visibility）的世界。建筑绘图通过压制某些事物使得建筑师可以更为清晰地看到另外一些东西：有得，有失。建筑绘图的表现力永远都是不完整的，永远都是多少有些抽象的。建筑绘图从来都没有给出也不能给出一个项目的全部图景。结果，是在那些被绘图遗漏或是不甚清晰表现的其他可能性主题或题材的反衬下，建筑绘图倾向于提供某种主题或题材的范畴，只让范畴内的事物凸显在图上。

很有可能，有些建筑师有本事看到由他们自己绘图所提供的这个能见领域之外的世界，而另外一些建筑师则不能够，或者说选择了不去理会这个领域之外的世界。但是不管建筑绘图怎样直接帮助了建筑师的想象工作，比如轴侧图之于埃森曼、海杜克、斯克拉里（Scolari）这些当代设计师的作用，还是建筑绘图成了建筑师想象时的一个反向平衡物——一种对想象力可行性的技术验证——比如，正投影剖面似乎一直就是某些晚期巴洛克建筑师设计的技术验证，[1]我们都要明白，建筑绘图的确限制着它所要传达的事物。建筑绘图不是一个将认识运输到物体身上的中性载体，而是以一种特殊模式在承托和传递信息的媒介。建筑绘图不一定要统治它所表现的东西，但是总在和它所要表现的东西之间发生着相互作用。

然而，要成为一种系统阐述，这样的说法还远不够精确。这种相互作用到底发生在哪里，又以怎样的方式发生？这不是一个简单的因果关系话题。一种绘图技法并不会督促设计师去做这，去做那；在二者之间存在着太多的路径。绘图的影响力尽管强大，对于长串的工具性的效果链而言，仍然显得太过局限，难以把那么多的结果都挂到它的身上。更为可能，这是种属于集合性事物的话题，就是说，某类绘图可能有利于滋长某种范畴内的品味，某类绘图本身适合于某类社会实践、某类空间的布局、某类格局的模式。本文即将描述的如此这般的关联活动集合，既不是要增加也不是要削减绘图的重要性，而只是要显示绘图嵌在一个跟其他事件有关的网络中。因此，接下来我们要谈的话题是，就像绘图本身身嵌网络一样，绘图技法也身嵌于那个网络。[2]

在18世纪中叶，一种表现室内的新方式在图集和设计图上频频现身。从技术角度看，这倒并不是什么同早前方法的深刻决裂，而是对现存技法的一种修正，以便能让它们适用于一种新的主题或题材：房间。

当时，人们常规展示室内的方式是画一幅建筑的剖面图。此外，人们也会通过打点阴影的方式在习惯上压得平平的投影表面图上恢复一点空间景深的感觉。这样一类室内绘图展示出来的是一种彼此相邻空间的集合。但是对任何一个正常的房间来说，这种方法只能展示其中的一面墙。对府邸、别墅或是房子的典型建筑表现会涉及平面、主要立面以及一个剖面。几乎建筑的外部总是要比内部得到更多的描述。而从18世纪中叶开始，室内也开始得到更多的描述。

我们这里有来自18世纪50年代晚期的3幅图，3幅恰巧都是正投影图。它们展示着扩展室内表现范畴的三种不同方式。最有造诣的是钱伯斯在蓓尔美尔街（Pall-Mall）上为德比勋爵（Lord Derby）设计的一栋联立住宅的著名剖面图（见图3）。康福斯（John Cornforth）和福勒（John Fowler）告诉我们，这是英格兰第一张显示了墙体覆层、色彩设计和装饰的建筑剖面图。[3]第二幅是由斯图尔特（James Stuart）画的一张立面草图，上面画的是位于凯德尔斯顿（Kedleston）的餐厅里一面墙的局部。康福斯和福勒说，这幅立面草图是建筑场景中最早画了可移动家具的图。这幅画作为草图没有什么，但是它的内容很新奇。[4]第三幅是一张由赖托勒（Thomas Lightoler）绘制的一张楼梯间图，发表在《现代建造者的帮手》一书里（见图5）。[5]在四个立面中央是张平面图。那四幅立面好像刚从一种竖直的状态被放倒似的，跟平面压到了一个面上去了。在这一阶段，赖托勒跟其他人都不同，他画的东西没有新鲜内容，但是他表现事物的方式却令人觉得相对比较陌生新鲜。

在画法几何中，人们把那种将一个三维体的相邻表面展开来，然后把它们的平面全部都显示在同一张纸上的做法称为"展开一张表面"。所以，我们管赖托勒所画的这类绘图叫

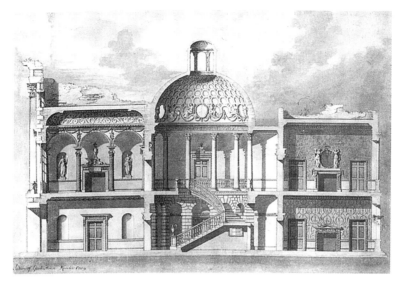

图3　钱伯斯1759年绘制的蓓尔美尔街（Pall-Mall）上约克住宅的剖面图

做"展开面的室内图"。这种画法变成了将建筑从内向外展示开来的方式，以便展示内部而不是建筑外部的立面。类似绘图可以在更早的17世纪找到，那时的此类图上画的都是些城镇广场或是几何化的花园，平面周围是展开来的立面。此类画法最有可能出自一种以往常见却原始的画法，就是制图员为了便于辨认地点，会在一张地图的表面上直接平着画上树木、地标以及建筑立面的做法。17世纪的例子中会描述出建筑内部和外部之间的一条边界地带。在这些图上，事物会明确无误地处于外部，然而，又分享着室内的一个特点，总是存在着这样或者那样的围合。这一技法在18世纪被用到了一个新奇的地方，就是在图纸上让一个个真实的房间变成了建筑绘图的主角，而不再只是花园、广场这样一些类似放大化房间的地方。

　　回到赖托勒的图上去：这个矩形楼梯间的四面墙在平面上都连着它们对应的平面上的那个边。5个不连续的面因此都被表现到了一个面上去了，图面变得彻底密闭；建筑的外部一点都没有被展示出来——这里，就连墙体的厚度也没有被表现出来。这是一种内向爆破式的表现，更多地展示了内部，几乎不表现别的东西。就像传统的剖面图一样，展开面的室内图乃是一种将三维组织形式简化成为两维的绘图法，但是很难去恢复"表象"（appearance）的厚度，因为剖面仅仅是压缩了空间，展开面还分解了空间，破除了空间的连续性。我们看拜菲尔德（George Byfield）所绘制的位于沃德城堡（Wardour Castle）的楼梯间剖面（见图4），很容易就能想象出室内的空间；但是，我们看赖托勒的图时却很不容易想象室内。在赖托勒的图上，更为简单的楼梯间被用四种不同的方式展示了一遍，但是从那么多的视点看，楼梯间却像是平的，抗拒阐释。不过，赖托勒的图真正做到的，是深情地停留在围合着楼梯的那个盒子的内面上。

在18世纪的50、60、70年代里，建筑师们只是在居住建筑项目中才使用"展开面的室内图"。然而，在亚当兄弟二人那里，这种表现变成了一种基本的生产模式，我们也可以说，变成了一种基本的理解模式。被保留至今的亚当图集里充斥着此类表现方式（见图1）。当然，这样的表现从来都没有取代平面和立面，但是出现了一种明显的转移，就是不再使用钱伯斯所喜欢的打阴影或是上色的一般性剖面去当作室内信息的传递者，转而开始使用展开面去描述高度装饰和细节繁复的一个个房间。[6]

亚当的项目中有很多是对现存建筑的加建或是翻建。在此类情况下，对房间的具体描述就有了价值。然而，即便是面对全新的建筑任务时，亚当也会为每一个房间的室内制作这样有特点的薄纸般折叠出来的图画。要发现他这么做的意义，我们就有必要去看看作为整体的主层布局。

我们只需在典型的亚当住宅主层平面和吉伯斯设计的典型平面去比较一下就会看到，仅仅过了一代人，在居住空间的组织上已经发生了相当的变化。吉伯斯的平面总差不多，总是非常一致，总有着从"主客厅"（main saloon）经由"前室"（ante-chambers），通过"正室"（chambers），再进入"套间"

图4　拜菲尔德（George Byfield）于1770—1776年间绘制的佩尔（James Parrie）设计的沃德城堡（Wardour Castle）的楼梯间剖面

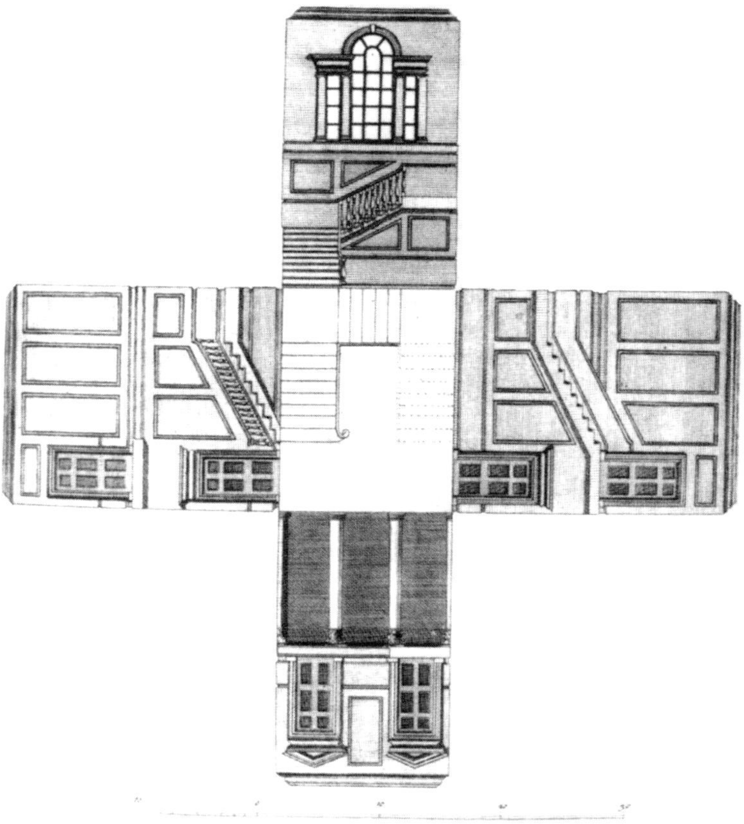

楼梯间剖面

图5　赖托勒1757年发表在《现代建造者助手》一书里的一张楼梯间"剖面图"

（closets）的顺序（见图6）。从位于中央的客厅出发可以画出4条放射性路径，一直抵达两翼远处守边的套间；这是一种根本的等级化排布，从中央到边缘，准确、对称地呈等级地从宽大宏伟到放任私密，空间蜕变了4次。[7]晚期巴洛克和早期帕拉第奥式平面都基本属于这一类型。

在亚当的居住建筑平面上，房间仍然遵守着流程顺序，但是没有那么一致，放射组合消失了。在他的好几个重要项目中，取而代之的是被安排成为环状路径的房间。例如，我们可以看一下他位于萨克斯汉姆（Saxham）为锡恩设计的住宅（Syon）（见图7），以及他在卡尔津（Culzean）、卢顿岭（Luton Hoo）、哈伍德的设计，或是霍姆住宅（Home House）：从主厅出来的路径被串成了一个圈。[8]当房间之间构成此类环路时，房间之间的关系已经没有什么真正的差别了。等级彻底消失。只是在进入的门口可以做些记号，让它们跟其他入口有着内在的不同。不管您是从哪里进入这条环路的，就像一只老鼠跑到一个转轮里那样，您都没有改变这条环上其他部分跟您的关系。用一种肯定是当下的宇宙观去打个比方，您总是在看着自己的后脑勺。您从一个房间的某个门口走出去，即刻，也意味着您将从相反一侧的门口返回来。

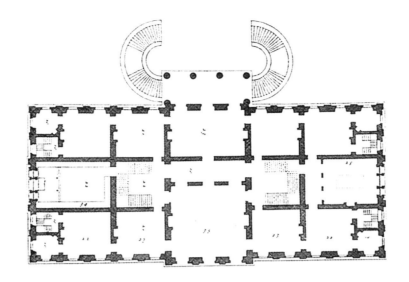

图6 吉伯斯（James Gibbs）发表在1728年《建筑一书》中位于米尔顿的住宅主层平面

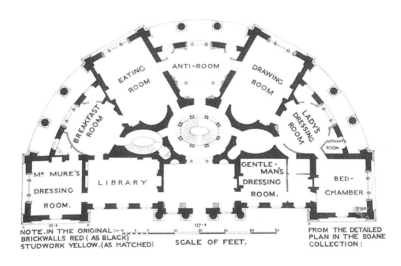

图7 亚当1779年绘制的位于萨克斯汉姆（Saxham）的锡恩住宅主层平面

　　这种本质上在环内将领地平权化的做法实际上就是一场
"主题变奏狂欢"的基础。随之而来的，很容易就是无法逃脱
的相似性景象。就像一串珠子上的一个个珠子，如果所有的
房间在它们整体的关系上都彼此相同，那么它们只能通过其
他人们可以想到的方式去创造差异。在吉伯斯的设计中，房
间是按照它们的大小排序的，而且平面上的房间也多是方形
或近似方形；对此，我们无需做进一步的描述。在亚当设计
的平面上，或是由托马斯（William Thomas）、怀亚特（James
Wyatt）、普莱费尔（Thomas Playfair）、卡特（John Carter）、
霍兰德（Henry Holland）设计的平面中，这些建筑师根本不
再考虑平面内部是否整体上对称，而故意创造一堆独特且好
区别的房间形状来：方形、长方形、半圆形、圆形、椭圆、

四叶形（quatrefoil）、十字形、正六边形、正八边形。这些房间现在要靠使用来进行区别了：正餐厅、早餐间、接待室（parlours）、茶室、休息室、玩牌室、音乐室、画廊。或是依靠装饰来进行区别：绿房间、印花布室、乡村风格室、伊特鲁里亚室（Etruscan rooms），等等。这些越来越多的使用和效果上的种类乃是对空间上压倒性的均质性的一种反向平衡。将这些拥有着放大个性的室内房间串联起来，也就赶走了任何潜在的相似感；每个房间都成了有着它自己活动、意义和色彩的小帝国；每个房间都是一个什么都有的世界。一旦我们认识到用个性去克服均等性的策略，我们也就明白了为什么展开面的室内绘图对于18世纪70年代、80年代、90年代的房子和别墅们来说，多么适合。

要想在相邻房间之间制造某种程度的差异来，这些房间必须在人们进入之前不要泄露太多里面的内容。要保持自己很容易被稀释的宝贵独特性，这些房间必须不要被相互混合。除了那些纵贯式的门洞（the enfilading door）——一种统一性的残留的瞬间（archaizing glimpse），除了能够展示些有限的信息之外，房间室内都是内向性的，四壁围合式的。门洞可能彼此开放，空间却不是。有关空间的质量必须靠记忆去背负，就像一位旅行者通过回忆想起所经过的国家一般。同样，对这些房间的体验方式也很像旅行者回忆所经过的国家的方式：每个房间越是趋于跟彼此的空间渗透无关，它们也就越能更好地维护自己的特点。因此，这些房间更为形象地被当成了一种时间系列而不是一种空间系列去体验的。我们已经注意到，展开面的表现形式消除了室内和周围环境的关系。随着对室内特别的重点关照，这么画出来的室内无需从外部施加给它的任何东西的关系中获得对它特性的任何限定，它们完全靠着自己的独特性活着。这也就是为什么在历史的这个时刻上，展开面绘图作为一种描述室内的方法变得如此有用的原因。差异性只是后来一个房间一个房间逐一强加进去的东西。展开面的室内设计通过将房间从场景中分离出来，使得设计师很容易就能给它们构想出差异来。

展开面跟房间的环路设计有关，因为环路格局已经悄悄放弃了平面等级，放弃了根植于平面等级的房间之间的关联性差异。这时，展开面为环路格局补偿性的差异生产提供了合适的条件。

随着人们把四面墙都放到同一张图上，有时还会补上一张地毯设计图、一幅地面图案图或是平面图，或者，随着人们把房间里所有六个面在不同的图上表现出来，展开面和展开面的衍生工具为用装饰堆砌起来的室内设计提供了机会（见图8）。乏味的花饰、奇异图案、浅浮雕、描着金丝的石膏饰品，这些东西大多来自亚当助手之一 ——乔治·理查

德森——所出版的刻意弄成淡色的《图集》。这些装饰都是
"亚当风"（Adamesque）的墙壁装饰附属产业的一个部分。[9]
展开面也为一种史无前例的室内统一感提供了条件。窗帘、
配置、构件、墙体覆层、石膏饰品、地面、地毯都需要去
画。它们不再是基本的建筑壳体建成之后再加进去的多余之
物，也不是运到某个事先就设置好的旮旯里的外来物品。它
们是展开面邀请着绘图人去描述的东西。因为展开面对所有
这些本来多元素的包容性和统一性，"亚当风"的室内设计
可以被实至名归地称为"整体设计"（total design），但是我
们还必须去限定一下：这是"展开面式的整体设计"，就是对
没有被规则化，没有被触摸的空旷空间内部的整体设计。然
而，任何能够被拉进房间这一包裹似的内部表面的东西，必
须被其表面所吸收，或者被压扁到房间表面上去，就像存在
着某种离心力把物体甩出去，压到了墙上似的。通过对展开
面的使用，诱导出流畅、华美、表面化的建筑，能把世界上
的大部分东西尽可能地吸到它的平坦性中去。在英国的帕拉
第奥式建筑身上，墙上的覆层仍然很厚重，在肯特（Kent）
甚至在钱伯斯设计建筑的身上，覆层更显笨重。不过，到了
亚当、怀亚特以及他们的追随者的建筑身上，覆层变成了一
张轻灵的带着凹凸的阿拉伯图案的网（见图9）。柱上楣构
部分与方壁柱（entablatures and pilasters）变得和镀金边缘
差不多齐平。家具被推到了靠墙的位置上，它们变成了浅浅
地突出于墙壁表面的系列小物件。[10]这是一种"涂绘性的建

图8　亚当1775—1779年设计的奥斯特利庄园；这是对其伊特鲁利亚室放入家具的1782年情形
的复原场景

筑"，它将展开面这种绘图方法与视错觉的意向挂上了钩。但是，它所要追求的不是有关空间"深度"（depth）的视错觉，而是有关"平坦性"（flatness）的视错觉。凹室和龛室（recesses and niches）都被设计得很浅或者被配置了照明。这样，凹处的阴影就被消除，就像在锡恩住宅的宏伟客厅里那样，凹处看上去虽然很像一幅"错视画"（trompe l'oeil）（译者注：法语，指的是那种画在建筑墙上的透视图，使得人们看过去仿佛室内或是室外景物透视可以继续延伸下去似的绘画），它们尚不会威胁到要去消解平墙所具有的密实感。

当凹室凹到快跟墙之平面性发生断裂时，就像在诸如奥德利庄园（Audley End）的凹室（Alcove Room）或是在肯伍德（Kenwood）的书房身上那样时，设计师会用一种我们大家都很熟悉的镜框式原理（the proscenium principle）的派生手段去维系甚至强化平坦性的错觉。镜框式原理原本是用在剧场内部的，旨在创造表象上的深度，而亚当使用的建筑景框像是一种强硬的边界，将主体墙面上的开口隔离出来，强行把门洞背后的景象塑造成为几乎没有深度、坍塌了、泄了气的空间。我们可以比较一下奥德利庄园凹室以及它所派生出来的一种模式：就是在18世纪初期几乎整个欧洲都很常见的法式凹室的凹壁设计。在早于奥德利庄园凹室的法式布局中，床或者说长沙发的床头原本常靠在凹室的后墙上，直接朝向外面的房间。这里，不仅凹室更深，它的深度还因为床的摆设方

图9　亚当1777年设计的霍姆住宅音乐室的顶棚平面图

式——最为重要地，通过人在与墙面垂直的床上的姿态——得到了强化。在奥德利庄园凹室里，躺在长沙发上的人，就像四周墙裙上习惯性浅浮雕一般，贴在墙面上，这样的人，被整合进了一种美感的统一体。[11]

然而在这种手法中存在着某些明确的局限性。如前所述，展开面的室内打破了它所表现的空间的那种连续性。人们要想把墙体都放平，就得沿着两墙的交接处将它们切开来。要想把房间再次解读成为一个围合起来的空间，则必须在脑子里将纸上的墙们再折起来。对于这类展开面绘图的思维而言，跑到它的空间里去乱动其盒子般的基本几何性将是颠覆性的。这就解释了为什么在亚当的设计中，他都尽可能不去动室内这种纸盒子般的属性。例如，在霍姆住宅的音乐室里，在窗墙上凸着3跨的半圆室（apsidal bays）；亚当将这些华美的形状完美地缝到了矩形墙体边缘上。有张天花图显示着3个外突跨上的半圆室是怎样毫不费力地过渡到有着圆形母题的表面，那些半圆室就像是从圆形母题当中发展出来似的（见图9）。[12]但是到头来，这3跨的半圆室还真就跟天花没关系。它们在窗墙上的框子里显得并不突出。天花上的圆圈也在不起眼的转角线脚处不了了之地消失了，而那些脚线才代表着房间真正的结构：那不可违背的矩形框架。脚线就是将被切开的表面重新粘起来的概念性胶带。这个框子不可避免地把华美的要素限制起来，即便展开面绘图上显示的视错觉告诉我们它们是可以蔓延过去的。所以，如果说在展开面绘图上的一个困难是如何看明白此类绘图技法所打开的不连续性的话，那另一个困难就是看破此类绘图中表面上的连续性，意识到这些连续性并不能被平移到此类绘图所表现的空间里去。

房间环路在平面上得到了描述，而墙体所构成的圆圈则在室内展开面的绘图上得到了描述：在18世纪晚期，在如此众多的项目里，环路和墙所围出的圆圈的共存或许会诱导我们得出结论说它们是等义的，然而它们并不等义。二者之间唯一的相似性就在于它们都有环的事实。房间之间的环路是对建筑表现出来的中心性的压制。从拥有环路的房间穿过，居住者并不会意识到这栋建筑的中心是由什么构成的——这是沃波尔（Horace Walpole）在亚当作品身上注意到的一个特征。沃波尔也曾写下，奥斯特利庄园（Osterley）是"宫殿中的宫殿，然而，又是一个没有国王、没有王后的地方"。[13]另一方面，展开面绘图是一种把建筑和建筑配置物旋转到某个空间边缘地带的方式，结果，在房间中央留出了一片虚空。房间里的一切都面向这里，这是一处不具体、虚空然而又显而易见（in evidence）的空间。事实上，因为所有别的东西都被甩到了边缘，就更显得如此。即便如此，在这种表象上的几何相似性中却奇怪地藏着真正的差异性，这种差别导致了展开面绘图以及跟它有关的那些室内的消亡。

　　当时，在建筑的格局设计上，已经存在着一种静静的显著而彻底的——如果有时仅仅是局部的——对于等级的消解。等级金字塔坍塌的效应，虽说只能被住在大房子主层里的少数人所享有，在当时更为广阔的政治视野里也不显得激进，却仍然具有意义。中央大厅或者客厅的紧缩或是偶尔的完全消失就是这种对等级消解的一个侧面，另外一种消解就是用房间里所要发生的活动去重新限定空间序列，而不是根据社会等级去限定空间序列。在这么一种考究的环境氛围中，谁占据着某个空间，跟在那个空间里发生了什么比起来，变得不那么重要了。由此，就出现了茶室、休息室、洗衣间等诸如此类新型房间的繁衍。在环路平面中，除了对此类房间多样性的追求之外，剩下的组织性力量都是一些不太强大的力量。比如，从一个房间到另外一个房间的转移对应着的只是一天之内人们从一种消遣到另外一种消遣的转移（如果是一种强大的组织性力量的话，则会用明确社会分工的独断去排挤用明确时间划分的独断），以及那种远离喧嚣、追求沉思的倾向。这两种追求都是早前此类活动的延续，并没有因为环路平面的出现而改变，环路平面保留着它们之前在那些等级化平面上所具有的基本差异性。很奇特，在房间的内部结构上，尚没有发生类似的根本重构。描述的方式是变了，但是描述方式的改变所帮助的是房子整体布局的改变。

　　房间内的家具布置标识出来的是房间的使用方式。综观整个18世纪，家具布置的潮流都是“亚当风”的设计，就是把家具沿着墙边布置。展开面绘图除了显示周边上的家具之外，很少还能显示出别的什么东西，但是这一时期的绘画、清单、目录和留下来的实物证明这是一种典型性的家具布置方式。大约在18世纪中叶，这些附属于墙的东西显露出了脆弱性，一种摇摆的脆弱性，它们变得优雅、嬗变，就像行军用的家具。它们还真就像行军的家具，因为它们变得易于搬动了。不过在接下来的相当长的时间里，这些家具将仍然靠着墙。当维多利亚与阿尔伯特博物馆（V & A Museum）家具与木工作品部想要复原奥斯特利庄园里的伊特鲁利亚室时，这一部门的人查明，列在1782年家具清单上的椅子靠背顶端横木应该跟室内周围墙裙是对位的，并且椅子跟墙裙要被刷上同一色彩。另外，他们还发现，在椅子的装饰和墙面的装饰之间存在着呼应（见图8）。这听上去足够肯定，不过为了强调椅子们作为自由要素的临时性身份，那些椅子的背面都被刷成了白色，而椅子的正面和侧面则被仔细地画上了微型伊特鲁利亚母题。[14]不管这些椅子是可以被怎样轻易地搬到房间地面的中央，但是椅子被粉刷的方式告诉我们椅子并不属于那里。椅子原本所依靠的墙似乎在用绳子牵着椅子。椅子的位置是不确定的，要看交流的变化而定。

　　沿墙摆上一圈椅子的布置手法是一种流传甚久的做法。在发表于17世纪90年代的马罗（Daniel Marot）为某个宫殿完成的著名家装设计图中，几乎每个房间里都有这样一圈椅子。[15] 随着齐本德尔（Chippendale）、赫普怀特（Hepplewhite）、亚当等品牌家具的出现，17世纪家具的笨重感基本消失，椅子也可以真正自由起来，不再恪守这种神秘的布局。不过，传统的磁力依然强大。每当房间是空旷的时候，人们就又把家具推到了墙边。

　　在18世纪最后的30年间，在住宅格局、室内表现方法与家具的分布之间获得了一种短暂的平衡。它们构成了一些相互关联的程序和做法的套路：我们想要推测这三者之间到底谁是谁的动因几乎是徒劳的。它们彼此拥有，相互支持着彼此的稳定性、价值或是强度。能表示出当时人不太满意的唯一之处，那就是家具置放得有些含混。不过，这一点，也因为家具足够轻灵，可以被到处移动，从而得到了有效的缓解。

　　然而，这一微小的含混最终发展成为一种难以克服的困难。正是因为要在房间的社会性地景内部去倡导多样性，才打破了绕墙布置家具这样空心环的格局。[16] 在英格兰，倡导房间内部多样性的领军人物——或者叫迟到的领军人物，因为早在18世纪50年代的巴黎就已经开始了这样一场接待室里的革命——乃是雷普顿（Humphrey Repton）（译者注：英格兰18世纪著名的英式景观设计师）。亚当则代表着在房子内部呼唤多样性的领军人物。雷普顿说，必须打破一圈椅子的布置方式，这种布置方式总能让人觉得有着某个老迈、专横，而且是母权代表的人物形象，在主宰着无聊、媚态、过时的对话场景，就像他画的"旧雪松接待室"里的那个人物所代表的专断形象那样。围出一圈椅子是招朋聚友旧方式的载体。[17] 雷普顿的用意在于破除等级的残余工具。事实上，这第二种消解的努力从来都没有带来期待中房间使用和房子作为整体的使用之间的一致性。如果房子整体的等级也被消解了的话，二者才能同时抗拒等级。但是，雷普顿曾经明确尝试过想将二者结合起来。[18] 他将每一个房间都设计成一个多样性的小世界，并想将之符合不同房间的系列性组织的多样性。为了让这一配合发生，他就必须废弃房间之间的环与房内墙面的环的纯粹几何性呼应。两种类型的相似性不能共存。其中之一不可避免地会废止另外一种。同一几何形象在不同的场景中发挥着不同的作用。几何形象不像基因，不是在哪里都可以存有相同讯息、产生相同结果的；几何形象离开它存在的环境是没有独立的意义的，除非是那种完全约定俗成的意义。在一种情形中（平面上），环形可以是走向变化的能动性；在另外一种情形中（在房间里），环形可能就是统一化的能动性。所以，变化的逻辑会排挤环的几何性的；社会交往的理念会取代某个形构，成为主旋律的。

雷普顿的靶子——即椅子的环形布局——非常容易受到攻击，因为如前所述，在18世纪的后50年里，家具设备都已经变得如此轻体和易于搬动，环形布置所捍卫的过去生活，所温和表现出来的交往模式——像17世纪社会事件所要求的那种特殊统一性一样——很容易被打乱或是打散。还有，家具跟墙面捆在一起的美学纽带，到了雷普顿1816年对之发表恶评时，已经开始松动。

之所以家具随后跟墙面之间的告别显得如此重要，就在于这一变化改变了室内的"基本布局"（basic geography），而这一变化成了一种新型居家方式的能动性。1800年到1826年的"摄政时期"（the Regency Period）正是这一变化的过渡期。这里可以举几个例子：1808年，史密斯（George Smith）为房间家具布置完成了一套设计，图上仍然显示着一圈习惯性出现的椅子，椅子靠着一面高度雕刻化的墙面。除了这圈椅子，还出现了一张中央岛式台子，周围环绕着4把躺椅。这个"岛"跟传统放置餐桌组合的中心桌或是大床的方式有些不同。习惯上，餐桌或大床会把所有的注意力都引向内。史密斯的这个设计相反地却把注意力转移到了墙面和中心之间的环状空间带上，有效地阻止了人们对中心部位的使用，暗示着人们绕着一个不动的核心开展各式各样的活动；换言之，这就像是10年、20年前那种环路住宅平面在房间里的一种微缩。[19]

到了1810年，兰迪在《建筑装饰》一书中发表了一些令人不安的插图。上面展示着拥有不同装饰风格的室内透视系列，图上看不到一件家具（见图10）。[20]例如，其中某个希腊风格的大厅，就像是刚从一张展开面的图纸上折起来似的。而同样是希腊风格的一堆家具则出现在另外一个不同的面上。它们浮在一处无边无涯的透视空间里，每件家具都被拙劣地塞到里面，好像每件家具都是独立自由的建筑，却又总在渴望着一面墙（见图11）。这种将家具和室内笨拙地分开，暗示着二者之间出现了某些冲突。这里，并不存在着投影技法上的问题，因为兰迪画的两个面都是相同视点的透视。冲突在于，虽然在房间内在风格上二者可以匹配，人们却很难在其中有效地定位家具：家具真就既不属于这里，也不属于那里，既不在房间里，也不靠着墙。

作为霍普（Thomas Hope）的一位雇员（译者注：此霍普指的是生于1769年的那位霍普、银行家、作家、哲学家、艺术收藏家），摩西（Henry Moses）两年之后发表的一些更为复杂的绘图解决了这种不确定性，并指明了新型室内地景的某些突出特征。摩西的图发表在《现代服装设计》上，他的目的是要展示一

图10 兰迪1810年在《建筑装饰》上发表的希腊式大厅的效果图

图11 兰迪1810年在《建筑装饰》上发表的希腊式家具效果图

下霍普发明的希腊风格服装。为此，他绘制了16幅表现了建筑室内的袖珍小透视，画面配置丰富，到处都是装饰（见图12）。这些室内都是位于达吉斯街（Duchess Street）由亚当设计、霍普二次装修过的房子内景。平面是个环路平面。家具都是霍普设计的家具。[21]摩西的其中一张图叫做《上流社会》（Beau Monde），展示的是一次发生在达吉斯街画廊里的酒会。总共有9组人，每一组有2—4人，有些人坐在椅子上，使用着从墙边拉出来的桌子。《上流社会》仍然处在亚当室内的暧昧世界里。那里，家具属于墙，不过，可以被轻易地挪移。[22]但是几乎在《现代服装设计》中出现的其他场景都是人数较少的场景，重点在于家具作为为人物提供亲近和私密的地上构件的角色身上。在这些感人的居家场景中，家具占据了房间，然后人物住在家具上。这样，在这些图画里，身体、衣装、家具、建筑、交流的关系获得了一种真正全面的统一性，虽然像所有此类的整合一样，因为它们对表象均质化的坚持，也会使人不安。画面上所展示的是对睡椅、桌子、椅

图12　摩西在1812年《现代服装设计》中所描绘的妇女和儿童

子的双重、三重、四重奏的支持，以及家具组合在尺度上被缩小之后对于地面空间的逐步蚕食。地面的这一杂乱化打破了地面的一致性，赋予了地面一种能够滋长和诱导亲密的更为复杂和多样的布局。

　　房间不再是个小广场，而是一处微缩的内部地景。它不再是一道边缘和一个中心的关系（那种中心化的房间远远却明显跟着某些鬼魂似的原型有关，跟带着穹隆的空间和理想城市有关）。房间不再总是面向着中心那潜在的权威性，不再是雷普顿在"旧雪松接待室"里所讥讽的情形。房间现在成为一处满地遍布着各类如画要素的地貌，它们没有明显的规则性，但总会照顾到细分且异质化组合的微妙性。

　　重点已经从墙面转移到了地面。我们现在去看看那个展开面吧，随着家具搬迁到了墙面所触及不到的地方，展开面的运数也就耗尽了。在维多利亚和阿尔伯特博物馆里，收藏着一组来自家具制造商吉娄（Gillows）伦敦公司的图集。这些图纸绘制于1817年到1832年间，它们表现的是适合各类室内的方案，最多的就是客厅里的家具。吉娄当时仍然是家具业的领头人，很了解新的家装方式，他们公司的录书收录了占据着地面空间的自由独立式家具，以及一系列传统的靠墙布置的家具。[23]但是他们那些本应面向顾客的设计图显示出广为认可的室内表现技法与变化了的地面布局之间的一种错位。这些设计图需要展示墙面，因为他们公司的某些产品仍然属于靠墙布置的家具。所以，选用展开面的绘图技法也算理所当然。他们还需要展示一些人们潜在可能购买的家具，无论这些家具的位置在哪里，他们希望用一种足够形象化的形式去展示房间中作为整体的家具组合效果。他们最终把3种明显属于不同类型的绘图手法叠加在一起，极力地用一种概括性的表现形式想要展示地面的地貌与墙面的平坦（见图13、图14）。那种将墙面向外折倒的老技法毫不退缩地将墙面们旋转出去，为的是满足要求之一。同时，小透视上所描绘的解了体的椅子、睡椅、踏脚凳、餐桌，它们漂浮在冲突性想象空间的漩涡里，每件家具都是个"离心式个体"（idiocentric），画面有着类似斗鸡眼的视觉锥。这张图的方位定向完全不可能成立，直接相邻的物体常常一上一下，或是一正一斜。除了这种墙面和地面之间的二维表现的不停闪烁以及封闭透视建构被谋杀的三维性，还有就是彻底的困惑。这里存在着某种模式：我们可以这么猜测，好像我们总是从相同的高度去看每一件家具的，这些家具都是某本目录书里描过来的，家具透视的灭点倾向于交汇在最近的那面墙上，仿佛家具还没有彻底从那面墙上解放出来似的。不过，所有的这一切并不会帮助我们想象出一个整体。[24]

吉娄公司提供这类犹豫不定的录书杰作的时间起码有15年之久，然而该公司败就败在了这种滔滔不绝的宣传上了，他们无法用绘图传递任何意义上的空间一致性或是相对位置感。没有什么比这种可笑的文不对题画法更为清晰地显示着这个公司在展示自己想要展示的东西时的那种无能了。展开面绘图本身是不充分的，又无法将透视整合进来（因为展开面极端的平坦性），这时，展开面绘图已经肯定变成了通向理解的一种障碍。

在19世纪，室内家具增多的趋势仍在持续；更多的家具变成了自由独立式，家具的重要性也在增加，直到房间被挤得人们都很难穿越。平面和透视变成了表现室内的典型手段。展开面绘图在19世纪20年代画上了句号。随着它的消亡，那种制造室内家具的方式也消亡了。展开面绘图的消失不仅跟房间使用的方式改变是共时的，还跟建筑空间中流行认识上的变化是共时的。索恩在皮兹汉格尔府邸（Pitzhanger）绘制的前厅图就是展开面绘图最后的绝唱（见图15）。在索恩曾拥有的这栋城郊别墅的出版图集里，只有这张图用了展开面绘图法。[25]图上展示了一条向着上面天窗延伸过去的室内窄廊，那个光井也在一层向其他房间敞开。绕着中央一张平面图，分布着墙体的剖面图——而不是立面图。墙体厚度和墙上的开口因此都用有悖于亚当的表现方式表现了出来。虽然跟索恩的其他室内图比较起来，这里的前厅与相邻房间的空间外流仍显有限，这种关系还不那么容易被辨认。这种绘图方式仍然将房间保持得相对封闭。虽然索恩刻意挑选了这个薄薄的没有家具的前厅作为适于展开面表现的对象，这一技法的局限性已很显然。想要获得饱满三维

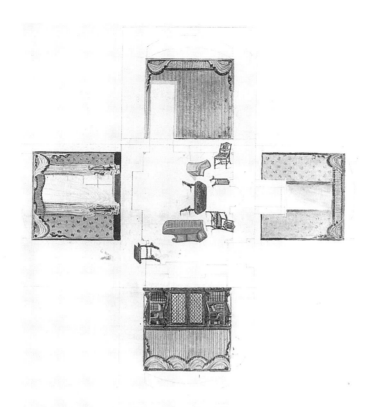

图13　吉娄家具公司1822年为一间小客厅配备的家具布置图

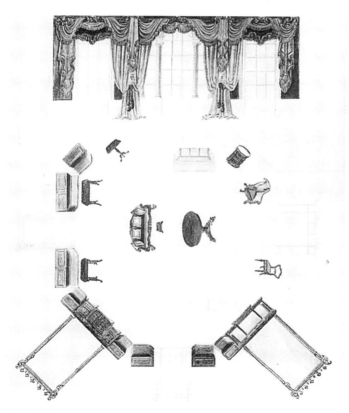

图14　吉娄家具公司1822年为一间正八边形小客厅配备的家具布置图

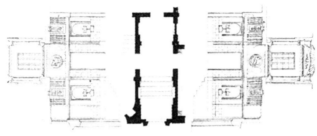

图15　索恩1802年绘制的皮兹汉格尔府邸前厅图

性的压力如此强烈，第四面墙的剖面向后退去，变成了一幅
透视。这是跟展开面相同的图面布局，但却不是跟展开面室
内相同的表现技法，因为这一技法已经经历了相当程度的二
次限定。[26]

　　索恩的建筑就像很多随后出现的建筑那样，都是要打破墙
体以便获得真正的延伸性深度的。围合性将被消解成为虚拟的
表象，围合性将显露一种复杂的后退方式，背后都是一些半围
合的空间体量。这样，封闭是虚拟的，深度才是真实的：这一
模式恰恰就是亚当作品原则的一种逆转（见图8）。想要把从一
个房间里延伸出去的深空间们表现成为像个压扁了的纸盒子根
本是徒劳的。皮兹汉格尔府邸前厅的表现图虽然算是对展开面
投影的一种修正，却不足以挽救这一技法作为画种在新环境中
的灭绝。

　　有关室内的绘图在1760年和1810年前后发生过两次蜕
变，这两次蜕变都跟绘图所发挥作用的环境的变化有关。第
一次蜕变将展开面的投影法带进了平面图。这时，房间内部

成了一圈带有装饰的表面，在几何形式上，这跟此类房间所在的房子平面上典型的房间环路相似。然而，当房间集合在很大程度上已经从等级组织旧独裁中解脱出来的同时，房间本身却几乎保留着它之前的模样。通过悄悄地调动家具而不是改变空间构成，房间里也取得了某种意义的逃避。在第二次蜕变中，房间解放了，成了表现多样性场景的地方，就像房子首先变成了表现多样性的地方那样。展开面只属于第一组关联，因为当人们的注意力从房间的展开面转移到了墙前墙后的空间之后，室内空间就需要一种不同的研究方式以及一种不同的绘图方式。

最后一点：第二次蜕变并不是第一次蜕变的延伸。当争取自由的努力从房子转向了房间，房子平面也再次发生了改变，这就意味着同样走向多样化布局的两个版本（two versions of the same variegated geography），就是对于同一种独裁的两种逃离的尝试，无法在同一建筑体内共存。雷普顿、纳什、索恩既没有使用古老的等级平面，也没有使用房间环路，而是使用了别样的平面；仍然多样，但是更加复杂，更加私密。最终在这些建筑师的平面中，还是潜入了某种类型的等级性：不是基于序列渐变的那种等级，而是基于对交通空间和使用空间进行划分的那种等级。

但是，这样的"解放"（liberation）到底是一种什么样的解放呢？像所有解放那样，作为一种对释放的体验，它是一种有限度的暂时的自由。我们已经注意到，对于某个阶级的人来说，这是局限在某些生存范围内的活动自由。我们必须清醒地记得，就在富人住宅走向自由化的同一时期，其他阶级的人正在屈从于一种恰恰相反潮流的建筑。他们不得不在意识上以及活动上屈从于某种指定的模式，常常就是那种刚从联立住宅和富人别墅中被消除了的等级权威性。像亚当这样的建筑师甚至雷普顿，如果有人要求，都足够乐意去提供等级化建筑，也足够乐意去提供"去等级化"的建筑（to provide either on request）。而诸如监狱、作坊、工厂、模范农宅这些他者的建筑也不是人们很快就能摆脱的过时的东西。监狱这类建筑也是在与住宅自由化的同一时期被虚构、被组织起来的东西。我们不该忘记这一点，一种被人们构想出来去改变人类意识以及人类交往环境的建筑，既可以被用来去限制自由，也可以被用来去支持自由。事实上，这样的建筑往往更容易、更有效去限制自由。所以，在现代生活的诸多重要制度形成的这一时期里，如果曾有这么一种调动建筑去有效地抗拒权威的例子，不管这一做法有着怎样的局限，持续得多么短暂，都肯定值得我们去关注。

但是，这一做法持续得真就如此短暂吗？对此的回答有些模棱两可。在杰克逊（J.B.Jackson）的《美国空间》里有一张插图，该插图追溯的是另外一种逃避的后果（见图16）。[27]这张插图上的两张地图描绘了一个庄园在美国独立战争之前和之后的情形，图上显示了奴隶制时期那个控制严格的社区走向扩散的过程。那些开始与庄主共享收成的佃农的小屋扩散出去后，覆盖到了原来无人的边缘地带；这是另外一种对人格化权威的拒绝，另外一种由建筑的物质实体性分布所记录下来的释放——不是模拟，不是象征，而是记录下来的释放。然而，这并不能否认，这样扩散会引向贫瘠，而贫瘠的后果将随着时间的流逝发展出它自己的独裁类型，那些受到此类变种独裁束缚的人们将会看到它的威力和它的局限。同样的话也适于用在出现在1760—1810年间的上流社会模式、平面布局、家具布置和建筑绘图的同步化修正身上。这段历史的某些东西传给了我们。我们自己家居生活的诸多方面都源自这些事件。我们不再把它们视为自由，因为它们不再代表从什么东西那里的逃避。它们只是我们日常生活的典型背景，偶尔有些烦人，但已常常被当成了天经地义的存在。

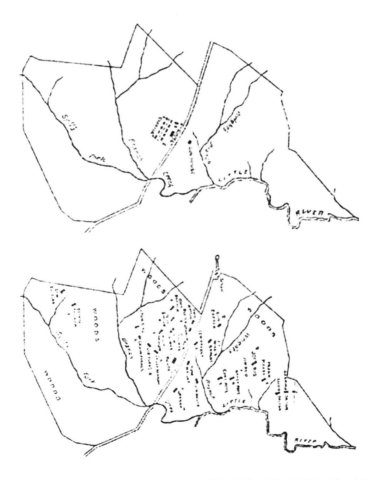

图16　1860年、1881年时美国佐治亚州的一处庄园地带的变化图（由埃文斯重绘）。选自杰克逊的《美国空间：一个百年，1865—1876》

我们应该记得，18与19世纪时人们使用"非正规性"这个词去描述一种新型家居布局时，并不是通过对诸般多样事物之间关系的另类建构去对正规性进行的一场废除。所谓"非正规性"，就是诸如为了逃避过去那种母权人物主导对话的独裁感，人们在房间里有着自身自由感的空旷地带，塞满了家具，这就让行为的限定与过去相比变得更为具体化了而已。

既然这些琐碎但是重要的事件的后果尚能提起我们某些兴致的话，我希望大家还能够注意到在各类相关实践之间——在绘图、社会交往、格局设计和家具设计之间——的那种互动模式。这些实践构成了簇簇"星群"（constellations）。星群们每每都要变化，获得某种新的形状，整合进新的要素。那么，每一次重构的星群仅是某一单一理念表达自身的结果吗？在指导性原则里所发生的某种变化真就能造就星群里的各种变化吗？在亚当作品和雷普顿作品之间的差别真的就是由环路思想所主导的作品和由非正规性思想所主导的作品之间的差别吗？

并非如此。在这二人的作品那里，那种想要施加某种明确主题的倾向，都被物质媒介的缄默性抵抗着。主题是不能表达成为某种根本的指导性原则的；主题更加靠近事件的表面，而不是指导性原则。在这二人的作品那里，主题本身还处在发展的过程中。主题的能力只能延伸到此。事物总处在它的势力范围之外，或者被认为只是受着它的不合理扭曲而已。我们这里所看到的，乃是一种走向指导性原则的倾向，而不是类型之下业已丰满的实例。在用绳子将一群人绑到一起然后说他们相互关联和指出某些人共享同一对父母的两种作法之间，是存在着差别的。亚当、雷普顿等人都是在用绳子去建立联系。或者，为了让这一类比更加准确，他们是在一群相当不同的对象身上强加上了某种家族相似性。而我们又太过随意就把这些他们强加的相似性当成是基本的东西。事实上，这些相似性只存在于表面而已。

他们二人都各自面对着一套既有的实践集合；每一位都试图要在他们看来重要的点上对那个集合做出些重要的改动。亚当和他的同代人挑战了18世纪早期平面上的等级；雷普顿和他的同代人占领了18世纪晚期室内的开放地面空间。这里，二者之间并不存在着相同的星体引力关系。每一个星群的存在都不是靠一个力而是靠着诸多力来维系的。然而，为了改变星群，就必须引入更大的力。现实可以不要统一性而存在下去；知性却不能。一旦某个实践集合变成了操作的对象，一旦人们根据人类意向开始相应地去改动它们，统一化原则就开始发挥了作用。只有通过这样的方式，人们才能把目的性或是方向性赋予事物。也恰恰是因为人类事务中有着这样有意识的统一化倾向，事物才并不源自某一根本的统一性，而是忽紧忽慢地向着诸般统一性们汇去。[28]

注释

1. 我所想到的建筑师就包括诸如巴尔塔扎·诺伊曼（Balthasar Neumann）、贝尔纳多·维托内（Bernardo Vittone），他们留下来的建筑绘图也都是正投影的。这些建筑师似乎已经很重视菲利波·尤瓦拉（Juvarra）所擅长那类小透视的表现手法，而他们所制造出来的建筑却无疑是布景式的（scenographic）。参见克里斯汀·奥托（Christian Otto），《沐浴了光的空间：巴尔塔扎·诺伊曼设计的那些教堂》（Space into Light: The Churches of Balthasar Neumann）（波士顿，1979），第37至39页；还有，鲁道夫·维特科尔（Rudolph Wittkower），《维托内的穹隆》，《意大利巴洛克研究》（Studies in the Italian Baroque）（伦敦，1975），第217至218页。

2. 或许，我们应该把剩下的讨论集中在绘图身上，这不是说建筑绘图能揭示其他思想和实践——建筑绘图并不是以承担其他思想和实践为第一要务的——而是因为建筑绘图通常都被认为是纯技术性事务，尽管说不清楚，还是以隐含的方式跟空间感觉性有关的。在这一背景下，有关建筑绘图的重要研究当数沃尔夫冈·洛茨（Wolfgang Lotz）的《文艺复兴建筑绘图中的建筑室内表现图》一文，该文被收录在《意大利文艺复兴建筑研究》（Studies in Italian Renaissance Architecture）（麻省剑桥，1977），第3至65页。本文也深受洛茨此文的启发。

3. 约翰·康福斯与约翰·福勒，《18世纪的英国室内装饰》（English Interior Decoration in the 18th Century）（伦敦，1974），第26至28页。

4. 同上。起码，此类绘图还有一个更早些的例子：在维多利亚与阿尔伯特博物馆（V&A Museum）里收藏着一幅不知名作者的图，上面的家具就是衬托在立面化的墙表面的。参见彼得·沃特·杰克逊（Peter Ward Jackson），《18世纪的英国家具》（English Furniture in the 18th Century）（伦敦，1958），第II图版。不过，康福斯和福勒二人所看重的，斯图尔特的绘图作为此类潮流浮现状态第一波的看法，似乎是成立的。

5. 威廉·海夫彭尼（William Halfpenny）、罗伯特·莫里斯、托马斯·赖托勒，《现代建造者助手》（The Modern Builder's Assistant）（伦敦，1757），第71和72图版（二者显示的都是楼梯厅），第75图版（显示的是没有楼梯的厅）。所有这些图都是以室内展开面的方式绘制的。这本书里的其他室内场景都用的是剖面或是天花平面图所表现的。这当然不是英国人最早使用此类手法的先例；科伦·坎贝尔就是这么显示位于霍顿（Houghton）的那个大厅的；参见《不列颠著名建筑师全书》（Vitruvius Britannicus），第3卷，第34图版。威廉·肯特（William Kent）也用过此方式绘制过上议院和下议院的室内图；参见英国皇家建筑师协会，《藏图目录》（Catalogue of Drawings Collection），利维尔（J.Lever）编辑（伦敦，1973），第G-K卷，"威廉·肯特"，第18号，第21档。

6. 罗伯特·亚当跟克莱里索（Clerisseau）学习绘图的过程带领他走向了完全不同的方向；他的绘图开始变得透视化、场景化。他跟皮拉内西的相识（皮拉内西的建筑立面图跟其市井和监狱题材雕版画不同。他会把墙体当成平坦的表面，就像一张可以书写的纸那样），可能激发了亚当想把空间压缩在表面的尝试，但即使真是这样，他们之间也很难是那种点到点的影响。我这里因此关心的不是事物都从哪里来的，而是它们发生了怎样的变化。参见约翰·弗莱明（John Fleming），《罗伯特·亚当和他的圈子》（Robert Adam and His Circle）（伦敦，1978），第65页，以及下列文献。

7. 很少有人能像詹姆斯·吉伯斯那样，在《建筑之书》（A Book of Architecture）（伦敦，1728）中以如此一致的方式，用绘图展示了这样的布置方式，甚至用相同的布置方式展示了一个很是不同的"圆厅别墅"（the Villa Rotunda），但是到了17世纪后半叶以及18世纪的前25年里，这种方式已经变得很典型化了。参见康福斯和福勒，《18世纪的英国室内装饰》（伦敦，1974），第3章；彼得·托顿（Peter Thornton），《英国、法国、荷兰的17世纪室内装饰》（17th Century Interior Decoration in England，France and Holland）（伦敦，1978），第55至63页；马克·吉鲁阿尔（Mark Girouard），《英国乡村住宅里的生活》（Life in the English Country House）（伦敦，1978），第5章。

8. 1761年亚当所做的锡恩住宅设计中曾有一个中心性的圆厅，虽然这个圆厅从来都没有被建成。这一设计开辟了一个不同范畴。有时，比如像在纽尔斯顿（Newelston）住宅、哈伍德住宅的设计，以及在卢顿岭（Lunton Hoo）住宅一稿中那样，只在中心入口的一侧设置一种完整的回路（circuit）。有时，早期设计中那些清晰的回路组织则蜕化成为更为复杂也不甚清晰的模式，比如在卢顿岭住宅中那样。的确，要说最为暧昧不定的回路平面就是由约翰·卡特、威廉·托马斯、乔治·理查德森提供的样书平面了。参见，亚瑟·博尔顿

（Arthur Bolton），《罗伯特·亚当与詹姆斯·亚当的建筑》（The Architecture of Robert and James Adam）（伦敦，1922），第1卷，第42页，第2卷，第78、81、266、279页；威廉·托马斯，《建筑中的原创性设计》（Original Design in Architecture），1783年，第2图版；约翰·卡特，《建造者杂志》（Builder's Magazine），1774年以及之后，第xxxix与ixxxii图版。

9. 理查德森曾经跟亚当工作过18年，他著有《天花之书》（A Book of Ceiling）（伦敦，1776），该书囊括了所有"亚当风"设计，和另外一本书《图集》（Iconology），2卷本（伦敦，1779）；后者是对切萨拉·利帕（Cesare Ripa）那本《图集》的改写本，书里的形象变得更加希腊化，更加好看，对形象寓意的解释也更加传统化。乔塞普·曼诺奇（Giuseppe Manocchi）负责设计了好多亚当建筑的天花。参见瓦尔特·斯皮尔斯（Walter L.Speirs），《约翰·索恩爵士博物馆收藏的罗伯特·亚当与詹姆斯·亚当的图纸目录》（Catalogue of Drawings of R. & J.Adam in the Sir John Soane Museum）（剑桥，1979）；杰夫里·比尔德（Geoffrey Beard），《罗伯特·亚当作品集》（The Work of Robert Adam）（伦敦，1978），第3章，第20至27页。

10. 乔治·史密斯在1826年的书中提到，是齐本德尔把阿拉伯图案带入了家具，但是，是亚当兄弟二人在研究了罗马皇帝戴克里先（Diocletian）的宫殿和浴室之后，将阿拉伯图案带入了室内设计："这即刻带来了设计品味中一次完全革命性的变化，原来那种厚厚的平行墙，深陷的天花藻井，尽管有着迫人和宏伟的效果，让位于一种轻快的阿拉伯图案。"乔治·史密斯，《细木工与装潢者指南》（Cabinet Maker and Upholsterer's Guide）（伦敦，1826），第v页；参见艾琳·哈里斯（Eileen Harris），《罗伯特·亚当设计的家具》（The Furniture of Robert Adam）（伦敦，1963）。

11. 传统认可的身体姿态会强调某种权威性，人是要正面面对房间主要空间里的人或物的，比如，像在女王汉姆宅邸（Ham House）（17世纪70年代）衣帽间龛室中的情形。在亚当设计的龛室里，坐在长沙发上的人肯定是无法维系其正面性的。里面的人当然也会面向房间，但是要侧着身子。要保持这一仍旧古典的身姿，一定要变得不那么正规。

12. 玛格丽特·惠尼（Margaret Whinney），《居家住宅》（Home House）（1969），第44至46页；以及博尔顿，《罗伯特·亚当与詹姆斯·亚当的建筑》（The Architecture of R. & J.

Adam）（伦敦，1922），第2卷，第82至83页。

13. 玛格丽特·惠尼，《居家住宅》（1969），第44至46页；以及博尔顿，《罗伯特·亚当与詹姆斯·亚当的建筑》（伦敦，1922），第2卷，第82至83页。

14. 同上。第5页，第34至35页；以及，莫里斯·图穆里（Maurice Tomlin），《在奥斯特莱公园，回到亚当的时代》，《乡村生活》1970年刊，第cxlvii卷。

15. 丹尼尔·马罗，《装修》（Das Ornamentwerk）（柏林，1892），第v部分，第151至162图版。

16. 参见马克·吉鲁阿尔，《英国乡村住宅里的生活》，第236至239页。这段文字里讨论了人们是怎样突破这种四周布置家具的做法的。我们很难估量在18世纪早期这种四周布置家具的模式到底有多强势。例如，霍加斯（Hogarth）对于旺斯特德（Wanstead）和鲍伍德（Bowood）不同人群的描绘很容易让我们怀疑，这在某种程度上倒像是人们对于刚刚发生的过去所投射上去的一种品质，更多的是在表现当下的意向。

17. 汉弗雷·雷普顿，《有关风景园林实践和理论的片段》（Fragments on the Theory and Practice od Landscape Gardening）（伦敦，1816），片段，xiii，第85页。

18. 同上。片段，xxv，第127页。

19. 乔治·史密斯，《居家家具和室内装饰的设计图集》（Collection of Design for Household Furniture and Interior Decoration）（伦敦，1808），第30页，以及第152和第153图版。

20. 加塔诺·兰迪，《建筑装饰》1810年版，第1卷，第2及第5图版。

21. 大卫·沃特金（David Watkin），《托马斯·霍普与新古典理念》（Thomas Hope and the Neo-Classical Idea）（伦敦，1812）。

22. 参见托马斯·霍普，《居家家具》（Household Furniture）（伦敦，1807）。这本书提出在不太拥挤的房间里家具应该跟墙体表面发生联系。

23. 伦敦维多利亚与阿尔伯特博物馆，印刷品与图纸收藏部门，见吉娄家具公司（Gillows Company）产品图集第14号、14a、14b、14c。这套图里还包括用同样方式绘制的书房、餐厅、卧室和音乐室的室内图。

24. 这种不一致的表现方式，在谢拉顿的展开面上已经能看出些苗头了（见图2）。对此，谢拉顿写道："像这样的客厅（亦即，有着嵌入墙体的家具），几乎就不需要透视图了。我不会建议人们把每面墙上的什么东西都依照一个视点画下来，如果那么画的话，两边的东西就会变得极端变形和不自然。假设观者停停走走看向房间的任何一侧的话，透视表现就意味着观者会有许多点可以停留，设计师才要用诸多的点去画透视。"见托马斯·谢拉顿，《细木工与装潢者制图书》（伦敦，1793），第441页。建议使用运动的表现方式显然是跟透视所需的固定视点的要求相冲突的。这就带来了一系列微小的拓扑性破裂。在这个例子里，还相对容易彼此融合。即使这样，将透视和正投影的绘图方式混合在一起将剥夺墙体那种平坦性。

25. 约翰·索恩，《皮兹汉格尔府邸的平面、立面以及透视图》（Plans，Elevations and Perspective Views of Pitzhanger Manor House）（伦敦，1802），第vi图版。

26. 我们可以在穆瑞勒（Morel）以及塞顿（Seddon）为温莎（Windsor）所做的再装修设计中看到另外一种过渡的例子。参见布雷克（G.de Bellaique）与科克海姆（P.Kirkham），"乔治四世与温莎的装修"，《家具史》（Furniture History）1972年刊，第viii卷。那些为书房而绘制的图纸用透视显示着东墙上一个深深的壁洞，而用立面图显示西墙平坦的面。此类绘图模式有赖于建筑本身凹凸或平坦的程度。

27. 杰克逊，《美国空间：一个百年，1865—1876年》（American Space:The Centennial Years 1865—1876年）（纽约，1972），第150至152页，原图出自《施莱伯尔杂志》（Schriber's Magazine），1881年4月刊。

28. 很不幸，我没能事先就读到劳拉·雅格布斯（Laura Jacobus）有关我所描述的绘图技法的文章，直到我的文章已经打印成文［参见《论"是否人可以同时看到前方和后方"》，《建筑史》（Architectural History）1988年刊，第31卷，第148页，以及以后诸页］。虽然她更强调早期的实例，我们似乎还是各自独立地得出相同的结论。我们二人观点的最大不同之处在于，她把盒子一般的绘图方式看成是一种束缚着建筑想象力的实用性便利，而我视之既能扩大某些领域又能限制另外一些领域。

图1　1986年复建起来的密斯·凡·德·罗（Ludwig Mies van der Rohe）设计的巴塞罗那展览馆

密斯·凡·德·罗似是而非的对称（1990年）

　　建筑并不一定总比照片能更好地展示它们自己，也未必就比那些从它们身上衍生出的理论更加有意义。一切要视具体情形而定。作为密斯·凡·德·罗最出名的作品之一，建于1929年的巴塞罗那展览馆（the Barcelona Pavalion），曾经就被用来去说明这一点。在他对巴塞罗那展览馆的批判性历史研究中，邦塔（Juan Pablo Bonta）就向我们显示了展馆本身跟关于展馆的照片和文献比起来，成为可怜老三的原因。这个展馆存留的时间很短——仅仅存在了6个月——当时，也没有得到充分的宣传；然而，这个建筑在被拆除了25年之后，却被抬到了大师杰作的位置上——而那些吹捧过这栋建筑的批评家们恰恰又都是那些从没实地见过它的人。于是，邦塔问了两个非常贴切的问题：为什么要等上这么久，而且，在展馆本身已经不在的状态下，又基于什么，批评家们做出了这样的判断？在阅读了邦塔的大作之后，我也开始把巴塞罗那展馆视为一种魅影，它的声誉建立在少数发表了的照片和一张不那么精确的平面图这些薄弱的证据上（见图3）。[1]于是，当巴塞罗那展览馆于1985年到1986年间被在原址上复建之后，我造访了该建筑。

图2　1986年（复建起来的）密斯·凡·德·罗设计的巴塞罗那德国展览馆

非对称性

如果有一件事情可以无需争辩的话，那就是巴塞罗那德国展览馆的非对称性。这一点，可以被理解成为是密斯·凡·德·罗对基地的某种回应。因为基地处在一个长条广场的端头，在一系列为了1929年巴塞罗那世博会[2]修建的巨大而又不完全对称排列的建筑们的横向主轴上。这个不对称的展馆，骑在这根横轴上，恰恰在一处需要肯定对称性的地点上却把对称给破掉了。跟德国馆相对应的是处在广场纵向尽端上代表巴塞罗那城市的展馆那木呆呆的对称立面。我们知道，密斯没有选择另外一处先前被指定的基地，而是选择了这里。虽然第一块基地地处中央大道旁，但是不会受到世博会总体轴线布局的影响。密斯故意选择了要在世博会展区的轴线上放上自己的建筑，然后将它拉到了两处现存的对称景物要素之间：这块基地的前方有一排爱奥尼克柱子（译者注：这是1929年时的状况），后面是一处户外楼梯。当密斯开始设计这个展馆的时候，他不停地画着从展馆平面中穿过的这根轴线，盘算着如何让不对称性去抵抗这根轴线。[3]展馆背后通向附近陡坡上方的那一跑户外楼梯戏剧性地强调了在这个位置上对于对称的消解，因为任何一个人从楼梯上走下的时候，都会看到沿着整个广场的轴线化景观，然而，在近景上，朝下看到的却是密斯展馆那些飘浮和错位的屋顶和墙面。

很少有现代建筑能像密斯的这个展馆那样故意跟周围环境保持对抗。只有路斯（Adolf Loos）在维也纳圣米歇尔广场（Michaelerplatz）上与皇宫对峙的没有装饰的大楼，能跟密斯的这个展馆有得一比。对巴塞罗那展览馆的实地考察会告诉我们，密斯的这栋建筑是以一种跟背景不和的方式在与背景发生着关联。在这类情形中，建筑的不对称性一定要被理解成为某种"主动的攻击性"（aggressive），而不是被动的适应（not accommodating）。然而，正如邦塔所展示的那样，巴塞罗那展览馆的不对称性还跟当时魏玛共和国（the Weimar Republic）的调和政治立场（the conciliatory political stance）有关。

最近，有人对密斯展馆给出了另外一种政治性阐释，说这栋建筑代表的是"第三帝国"（Reprasentationspavillon for the German Reich）。最近，也有许多文献在谈论密斯在1933年到1937年间跟纳粹的自愿合作。[4]虽然有人会为密斯开脱（认为密斯不过就是一位热爱自己国家的人，他对政治不感兴趣），终究，密斯身上还是溅上了许多"污渍"。[5]那么这些"污渍"也会溅到密斯的建筑身上吗？这也正是我们对密斯始终保持的沉默很难理解的地方。密斯的沉默是一种对投降的拒绝？或是一种无法应答？吉迪翁（Sigfried Giedion）把密斯描写成为当夜色降临到身边时仍然保持安静却坚决捍卫着自己启蒙现代性的人，[6]但是奎特格拉斯（Jose Quetglas）在一篇妙文中把密斯的这个展馆几乎就说成了是"第三帝国"的先兆。奎特格拉斯认为，巴塞罗那展览馆身上那种无用、沉默、满是理石、空旷的质量，正是"普鲁士军国主义的先兆——也是在1929年危机之后希特勒追随者们即将使用的媒介"。[7]但是，这座展馆是如何成为先兆的呢？是它导致了希特勒追随者们的出现，还是当希特勒追随者们出现之后，这栋建筑就和这些追随者们联系了起来呢？

对于第一个问题，这样的事情倒是可能。一种舆论和愿望的氛围是可以源自某些无言暗示的累积效应，源自人们看到和感到的那些阈下意识的鼓吹；因此，一栋建筑物不论是有意还是无意，都有可能充当某种政治教化的能动者。但是，任何可能来自巴塞罗那展览馆的沉默影响，最终领向了纳粹主义，跟纳粹能够对于这栋展馆所产生的影响相比起来，显得微不足道。而且希特勒明确表示就不喜欢这栋建筑。[8]

这栋展馆身上的不对称性以及平静的水平化布置，还有国徽的缺失（密斯拒绝了在面对轴线的绿色大理石上悬挂德意志鹰徽），表达的都不是大国沙文主义，反倒是对沙文主义的刻意消除。1929年，图杜理（Rubio Tuduri）就引述过一段在巴塞罗那德国馆开馆仪式上德国代表冯施尼茨勒（Georg von Schnitzler）的话：

"这里，你们看到的是新德国的精神：手法的简洁性和清晰性，那向着风和自由开放的意向——它表达了我们的内心。它是一件诚实但并不骄傲的作品。这里，是一个和平德国的和平之家！"[9]

密斯的这一展馆坚决地否定了将已经形成的纪念性秩序作为就该被认可的手段；作为德意志民族情操的象征，这一展馆

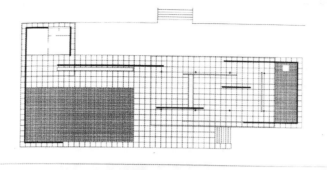

图3　1928—1929年间密斯·凡·德·罗设计的巴塞罗那展览馆平面图。方案定稿。此图用于1929年的出版物

将原本太容易和屈辱联系在一起的设计转化成为一件令人惊诧的美丽之作。当时，魏玛共和国对待欧洲其他国家的调和立场被表现成为一种对对称性的强烈谴责，因为对称作为一种建筑传统，总是和专横跋扈、权威性以及国家美化联系在一起。结果是：我们看到一种好斗的平静，一种建筑上自相矛盾的陈述。密斯就喜欢这类东西（比如，"少就是多"）。

　　五个月后，在1929年的10月，魏玛共和国的末日已见端倪。这期间，德国在国际事务上的柔和姿态，特别是魏玛共和国政府一直坚持的对裁军和战争赔款的认可等一系列事件，激怒了纳粹分子。[10]

　　至于后面的那个问题——如果巴塞罗那展览馆让人联想到后来出现的任何事物，那也肯定不会是希特勒的追随者，倒像是某个美国小镇上可以驾车存取的汽车银行。关于这个展馆的政治还真有许多话要说，不过，让我们把这个话题先放一放。

　　与此同时，我们也该更多地了解一点这个展馆"非对称性"的程度和性质。这在很大程度上取决于您是如何限定"对称性"的。建筑学中的对称性概念在适用范围上是相当狭窄的。建筑师口中的"对称性"通常并不是物理学家口中的"对称性"，而物理学家所说的"对称性"可以由那些在视觉上没有展示出任何对称的东西去代表。碰巧，在巴塞罗那，就还有这么一个相当难得的例子：就是高迪设计的吉埃尔小教堂（Colonia Guell Chapell）。虽然这个小教堂没有形式上的规则性，但它的设计却是遵循着某种静力平衡要求的。因此，我们这里说的正是一种在原则上具有对称性的类型建筑。[11]建筑学中所使用的对称性其实也习惯性地排除了维特鲁威所说的更加广义的对称性（译者注：维特鲁威的"symmetria"，指的是"匀称"），排斥了汉比奇（Hambidge）所说的"动态对称"（dynamic symmetry），以及在数学上各种各样的对称说，比如"旋转性对称"（rotational symmetry）。那么，当建筑师们在谈论对称时，他们所说的，就是"反射式对称"或者叫"镜像对称"。虽然建筑的对称在定义上很狭窄，这类对称却相当普遍。在巴塞罗那展览馆身上就有着诸多层次的镜像对称。事实上，在这个建筑的每一个元素中，比如，在墙体、水池、窗子、铺地条石还有屋面盖板中（全部是矩形的），起码存在着三个层面的镜像对称。

展览馆的非对称性存在于各个元素的总体构成上，而不是在这些元素中。这些元素本身跟普通建筑的元素比，倒是显得更加对称和形式同构。这是用一种秩序替代了另外一种秩序。早在1932年，约翰逊（Philip Johnson）和希区柯克（Henry-Russell Hitchcock）（译者注：此希区柯克是指那位美国著名的建筑历史学家）就看到了这一点，当时，他们就提出用"规则性"来取代对称性。他们写道："标准化会自动带来一种构件的高度一致性。从此，现代建筑师们就不需要左右或是轴线对称的约束以取得美学秩序了。不对称的设计方案实际上在美学和在技术上都更受欢迎。因为不对称肯定会提高构成的一般性情趣。"[12]根据他们的看法，非对称性与其说是对古典建筑的一种反抗，还不如说是对现代建筑本身的反抗，因为现代建筑本身已经拥有了太多在元素上重复的秩序。在巴塞罗那展馆身上，对古典建筑和对现代建筑的抗拒同时出现了，而且是以极端的方式出现的，就像大卫（David）在斩杀歌利亚时（Goliath）（译者注：《圣经》中的腓力士勇士）的故作轻松。

理性的结构

对称性来了，并且进入到了密斯的作品之中，所以，人们可以说，对密斯巴塞罗那展馆设计过程的理解，关键既不在于对称性，也不在于非对称性。密斯一生都在追求的东西就是结构的逻辑和表达。如果我们在这个方向上看过去的话，或许我们会发现没有那么多的矛盾，所有的那些标签，诸如普世性、清晰性、理性的意义，等等，可能都会更容易有头绪。

密斯后来回忆说，正是在设计巴塞罗那展览馆的时候，他才意识到墙体是可以不用承受屋面重量的。柱子的功能才是去支撑建筑，而墙是用来划分空间的。这是一个终归有些勉强的逻辑。[13]该建筑的平面上清晰地显示了这一点：8根柱子，对称地分为2排，支撑着屋顶板，而那些不对称分布的墙体，则从柱子旁边滑出去，彼此分离，并在正交网格上彼此错位。在这里，一项原则变成了一种现实。

不过，除了在平面上之外，这一逻辑还未必真就实现了，而且看上去也不是这样。不要计较巴塞罗那展览馆在建造上的"坦诚"，它坚决地不想坦诚，它的底座下面用的是砖拱，钢龙骨架就藏在屋顶的面板里面，藏在大理石墙体的中间——只要用手敲一敲，墙体发出空洞的回音就会告诉您到底是怎么一回事。忘了这一点吧，因为您只要对密斯的任何一栋建筑进行类似考察的话，总会得出相同的反应：密斯对建造的真实并不那么感兴趣，他感兴趣的是如何"表达"建造的真实。此类带着建造真实双重陈述的著名实例大多出现在密斯后来在美国建造的建筑中：比如，芝加哥的"湖畔路公寓"（Lake Shore Drive Apartments）、伊利诺伊工程技术学院建筑系的系馆"克罗恩厅"（Crown Hall），等等。那么，我们是否该说，巴塞罗那展览馆就是密斯早期试图将这两种不同版本的结构真实调和起来，好让建筑表达这一新近发现的原则的一次不太成功的尝试吗？我倒不这么看，原因有二：首先，这一原则在巴塞罗那展览馆那里表达得足够差劲；其次，因为巴塞罗那展览馆是如此洗练而美丽。

我是和我的一位同事一起去看巴塞罗那展览馆的。他认为，密斯当时应该在墙体和天花之间留出一道空隙来。[14]如果把技术上反对这么做的理由放到一边（假设说，如果留缝隙的话，屋顶会塌下来），留出缝隙的做法或许真的会更加生动地表达着某种理念。赖特（Frank Lloyd Wright）曾经给出过改进建议。1932年，赖特在写给约翰逊的信里提到他要说服密斯去"扔掉那些该死的小钢柱们，这些钢柱子看上去如此危险，并且干扰了他美好的设计。"[15]这两种建议所要试图澄清的都是结构上显得暧昧的东西。要么是墙体干扰了屋面，要么是柱子干扰了墙体。当您不看平面图而是去看看巴塞罗那展览馆本身时，当您看到小钢柱们时，那些十字形的镀了铬的柱子们原本就是要将它们干瘦的身体融到一丝丝微光之中，这时，您就不会再严肃地认为这些柱子是这个展馆里唯一的支撑手段（它们还真不是这里的唯一支撑手段），甚至，您也不会把这些柱子当成是主要的支撑手段了（它们倒真是这里的主体支撑手段）。这样想来，这些柱子的确看上去"危险"。

现在，让我们看一看1929年拍摄的这个建筑的那些照片，以及保留至今密斯亲手绘制的不能被叫做草图的唯一一张透视图（见图4）。这些照片显示，那些泛着光的柱子们在照片上会比重建展馆里的那些柱子显得更加没有物质实体性（因为当时的反光更强烈），而在密斯画的透视图的近景上，有两根表示着一根柱子的垂直线条，它们靠得很近，看上去不像是根压制出来的柱子，倒像是一根拉紧的弦——这里，就藏着一条线索。

在1930年密斯设计的吐根哈特住宅（Tugendhat House）里面，在设计其中的一处灯具时，密斯把灯具固定在一根在天花和地面之间紧拉的钢丝上（见图5）。如果我们这么看，巴塞罗那展览馆里的那些柱子可能就更容易被理解了。那些柱子，除了一根之外，其余的都位于一面墙的旁边。那些墙体看上去

图4　1928—1929年密斯·凡·德·罗设计的巴塞罗那展览馆平面图。室内透视图

好似立在底座上，屋顶看上去像是落在墙身上。这些元素被集合到一起，但还没有被安装起来。而那些柱子所要承担的任务看上去正是要固定这些元素，它们像螺栓一般，把屋面和地板拧到一起，紧紧地夹住二者之间的墙体。我认为，这种各个元素之间的直观结构性联系并不全是想象性的（因为在大风天里，巴塞罗那展览馆里的这些柱子们还真就会发挥抗拉作用，就像螺栓那样），不过，这种表面的结构性联系与其说是跟建造的真实有关，还不如说是在跟作为一种虚构的结构一致性有关。

　　如果按照密斯和芝加哥学派的密斯追随者们所给出的解释，巴塞罗那展览馆中的结构显得既具欺骗性，也无意义。一项原则被发现出来，然后又被掩盖了，也就是说，这一原则既不像是特别有理性，也不像是特别有表现性。结构可以在表象上构成意义，不过，那要看我们是否愿意放弃常规的解释。那些柱子把屋顶拉向了墙体，仿佛屋面就会飞走一般。那些柱子似乎像在把屋顶拉下来，而不是将屋顶托上去。即使是令人敬畏的理性主义者希尔伯塞默，也需要点儿奇迹才能为他的朋友——密斯——的这一结构去辩解，希尔伯塞默认为巴塞罗那展览馆的结构理性跟土耳其圣索非亚大教堂（Hagia Sophia）的结构理性相似。在圣索非亚大教堂这么一件优秀的工程作品中，希尔伯塞默写道：那个穹隆似乎"就像挂在从天堂垂下的金线上似的"。希尔伯塞默的说法引自普罗科皮乌斯（Procopius）（译者注：普罗科皮乌斯，公元6世纪时的拜占庭学者、历史学家），所以，这句话当然有着足够牢固的历史基础。但是，什么又是"挂在从天堂垂下的金线上"的效果的理性基础呢？[16]

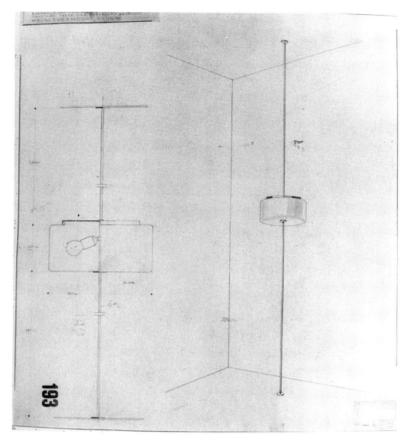

图5　1928—1930年，密斯·凡·德·罗设计的吐根哈特住宅。灯罩是安装在贯通地面与天花的拉杆上的。透视图和剖面图

　　我们似乎有两点依据可以让我们说，巴塞罗那展览馆就是一种理性的结构：一来，密斯自己是这么说的，二来，它看上去很像。这个建筑的结构看上去理性，因为我们知道理性到底看上去该是怎样：亦即，精确、平滑、规则、抽象、光亮，还有最重要的一点，就是要笔直。然而，这种理性的形象未必就可靠。高迪的吉埃尔教堂中没有任何上述的特点，但是，吉埃尔小教堂的结构和建造却是一致的和逻辑的。整个教堂就像是把一个挂着纸和布的悬绳模型颠倒之后的放大。从1898年到1908年，高迪花了整整10年时间来发展这一模型，而这个模型还真就悬挂在一间工作室的天棚上。每一条悬索都代表着一个拱。当这些悬索相互交叉时，这些拱也发生了变形。高迪的模型后来演变成为一张满是拉力矢量，彼此相互限定的复杂而膨胀的网。高迪不断修补着这张网，最后，整张网几乎就像一张连续的表面。模型彻底处在拉力中。然后，高迪把这个模型倒置过来，就产生出来一种全部处于压力之中的结构，这样，就避免持续的拉力，因为石头砌体怕的就是拉力。[17]这是一种理性的结构。对比之下，巴塞罗那展览馆的结构和建造变得零碎且不成熟。

　　我们之所以相信密斯的建筑展现着某种崇高理性，是因为有如此众多的人都说他们在密斯的建筑中看到了这种理性。然而，这些"目击"只是谣传。整件事都基于"认可"（recognition）。我看到植物，就"认可"了植物的生命性，我看到建筑，就"认可"了建筑中的理性，因为经过多次练习，我就开始懂得词汇指的是什么了。然后，我就倾向于认为，那些所有拥有相同名字的事物，无论它们是不是建筑，一定共享某种基本的属性，但这不具必然性，在这里，也没有可能性。我们或许选择了相信，在较为宽泛的意义上，那些方正的简单东西就是理性的象征，而那些曲面的复杂事物就是非理性的符号，但是，当我们四下寻找对象把这些标签贴上去的时候，我们高度发达的视觉识别力可能行使的不过是一种偏见而已。偏见或许可以没有根由，然而偏见却并非没有后果。那种相信我们可以通过这类生命符号就可以发现出某些理性结构的想法，让我们难以关注两种本不具可比性的结构概念，而我们还以为我们都了解了这两种结构。在"结构"一词内部就有着一种潜在的自相矛盾性。在密斯的建筑中，这样一个思想上的微小混淆最终变成了一种不可思议的幻象。

一个句子的结构同诸如建筑这类事物的结构是不同的。我一直把巴塞罗那展览馆的结构当成是一种把展馆的重量从地上拉起的手段来看待的。这类结构是关于重力、质量以及荷载是如何通过固体传递的；这类结构是关于具体的实在事物，虽然我们对于它们的理解是通过诸如"矢量"和"数"这种抽象的方式来获得的。这里，另外一类的结构也在场。当我们说这个展览馆的"网格结构"或是它的"正交结构"时，我们所说的"结构"跟物质实体或者重量没有任何关系。这些结构指的是那些可以叠加到物质实体之上或是可以在物质实体之中发现的组织形式，这样的"结构"跟我们所说的句子结构很类似，都只是概念性的。

盖伊（Peter Gay）承认："建筑师们所使用的语言是出了名的不精确、造作，沉溺于陈词滥调的。"[18]他这么说，无非想最后努力一下，好赢得我们的同情。其实，建筑评论家们的语言也好不到哪里去。有时我就在想，是否这种语言上的失败里面还藏着某些优势？"伟大的东西历来都很难说得清楚"，[19]隐晦的密斯曾经窃窃地引用过斯宾诺萨（Spinoza）的这句名言。将"结构"一词中这两种不同的意思放到同一栋建筑中去，将它们不花力气地混合在一起，就像在纸上的语言上将它们不花气力地混合在一起那样。这倒是发挥其优势的一种手段。这样的混合并不容易。那它的效果如何呢？

在巴塞罗那，密斯本可以根据那个著名的原则，将"结构"和"围合"二者区分开来。但是密斯没有这么做。相反，巴塞罗那展览馆中的一切都给人造成了一种印象，仿佛它们都在传递着结构性的力。我们开始分不清到底是谁在发挥着怎样的作用了，这栋建筑已经拒绝呈现它自身重量向下的力。

　　我们再去看看密斯（在1941年到1951年间）设计的"湖畔路公寓"吧，那里，在20年后建起来的建筑身上，密斯极力否认着结构跟重量、沉重、挤压、膨胀或弯曲会有任何关系（见图6）。这些公寓塔楼好像不是站在那里，而像被吊在那里似的，甚至还不是被吊在那里。我想找一个词语来描述一种跟重力无关状态的意思。我们有很多词语描述轻盈，也有大量的建筑体现着轻盈。轻盈意味着从沉重的"不可移动性"（immobility）中那种动态的——但只是部分动态的——逃逸。湖畔路上的塔楼们并不代表着质量的失去。它们并没有从重力的拉扯下挣脱出来；只是重力并不介入这里。这些塔楼让您相信，跟理性的认识相反，这些塔楼似乎并不参与到所有自然力量中最普遍和最无情的重力之中去。结果，并不是有一个物体令人欣喜地飘浮了起来（这是我们常见的效果），而是在观者的眼里，产生出来一种温柔的梦幻般的迷离。

　　这些塔楼的钢架都被刷上了亚光的黑漆。这些钢架看上去不像钢，看上去甚至不像是漆。这些钢架成了黑色。黑色物体一般看上去要沉重，但这些钢架不是。在塔楼底层环绕着开放空间的那12根黑色柱子似乎并没有参与到支撑的任务中去，因为这些柱子都终止在一道奶白色顶板处，并没有显示出这些柱子会穿透顶板。而顶板特别的明亮，即便是在最阴沉的日子里也会如此，因为这顶板还从钙华石铺地那里获得对天空的反光。顶板于是在上下两个方向上截断了所有的承重构件，让它们奇特地与一层薄薄的"法兰"（flange）（一层头发丝的厚度）相连，显露出一种具有强烈对比的发光情形。当然，这些柱子是承重的结构，只不过它们看上去像是被诽谤地抹黑罢了。

　　既然一栋建筑物的力学结构就是一种对重力的反应，任何

图6　1948年到1951年间密斯·凡·德·罗设计的芝加哥湖畔路公寓

一种力学结构的建筑表达都应该呈现出来荷载的传递而不是去掩盖它。然而，密斯就是要掩盖它——而且一直是，他一直想方设法地掩盖它。那么，密斯的建筑为何一直还以对于"结构真实性和结构理性的表达"而闻名呢？我们只需回到"结构"一词的双重含义上去找找原因：当建筑物压制着所有跟承重结构的压力和张力有关的联想时，建筑中的"结构"就开始更像是一些概念性的结构。概念性结构是以它们不受物质偶然性的影响而闻名的。想一想一个数学网格：这个网格可不受重力左右。任何一种物质，即便是最坚硬的物质，一旦有一股力穿过它的时候也要发生变形。而一种数学性的网格在任何情况下都不会变形。这两种类型的结构因此永远都不会彻底相同。为了更像一种"概念性的结构"，一种承重的结构必须厚颜无耻地否认自身承重的事实。密斯说："对我而言，结构就是一种类似于逻辑的东西。"[20]这样一种软弱的暧昧的陈述，出自一位擅长做严格却又同样暧昧的建筑的建筑师之口。

如果说密斯坚持过任何一种逻辑的话，那么，那种逻辑就是"关于表象的逻辑"。他的建筑瞄准的就是效果。效果压倒一切。在巴塞罗那展览馆从被拆除到被重建的这一期间里，巴塞罗那展览馆是以其定位网格（determining grids）的超验逻辑（transcendent logic）而出名的。然而，正如特格特霍夫（Wolf Tegethoff）出色的调查所展示的那样，即便是在巴塞罗那展览馆重建之前，原来铺地时所使用的110 cm边长的基础网格虽然看着规整，事实上也针对局部状况进行过调整。从81.6 cm到114.5 cm不等，密斯的网格调整了原本我们认为它要坚守的尺寸。[21]特格特霍夫在一幅由铺地工人手绘的草图上发现了这一点，那张草图还标注着尺寸。没人看出这一改动。原来那种毫不妥协的抽象性被秘密地修改过，为了表象上的一致性，牺牲了尺寸上的均等。

"表象"（apparent）一词如今仍然笼罩在柏拉图古训的阴影里。[22]我们仍然倾向于认为"表象"总还跟真实相距一段距离。但是巴塞罗那展览馆的网格表明，可能在某些场合下，"表象"就是最终的裁判。如果我们追求的就是表象，那么，表象就成了衡量真实的尺子，起码暂时如此。这就是当东西是为"看"而造时会发生的事情。表象从来都不是全部真相，但是表象忠实于它自己，这一点，在视觉艺术中特别是那些喜欢戏弄视觉的视觉艺术中更是明显。柏拉图错了。这些戏法并没有欺骗我们；它们把我们的感知打磨得锋利起来。我们对于表象的感知相当稳定，甚至稳定到了几乎濒临死亡的地步。视觉艺术努力想把"表象"弄活。语言也是稳定的，但还不至于稳定到死亡的地步。然而，密斯的巴塞罗那展览馆表明，在这样一种不断唤其苏醒的努力下，通过用平凡的暧昧性——就是日常化语言的暧昧性——调制出妙药的方式，是可以救活视觉的。

我们当中那些警惕词语的人会通过视觉艺术被词语所污染的程度来判断一件视觉艺术作品的优劣。这肯定不对。这只是对重复出现的恐惧症的简单逆转，圣·奥古斯丁（St. Augustine）曾对这种恐惧症做过很好的表述，他感叹思想已经被形象所统治。他注意到，没人会说他们"听到了"一幅画，可是人人都会在理解了别人讲话的意思后说："我看到了"（I see）意义。[23]那些想要证明视觉艺术要么是语言，要么独立于语言的努力，都有太大的偏差。在整个艺术的架构中，只有视觉和语言二者相互依靠，而且彼此深嵌对方。如果我们希望寻找一个尚没有被词语所干扰的感觉地带的话，我们不必去找视觉。其他的任何感觉——声音、言说的媒介，甚至气味——都会是更好的例子。不过，当我们在谈到词语的这个话题时，我们不妨要问：为什么巴塞罗那展览馆可以被称为一座"阁式展馆"呢（pavilion）？康斯坦特（Caroline Constant）给出了一个更加可信的说法，她说巴塞罗那展览馆与其说是个阁，倒不如说是更像一处地景景观（landscape）？[24]当我们把巴塞罗那展览馆当成一处地景时，康斯坦特道：这个展馆很小，虽然这个展馆看上去显得很大。但是戴维勒斯（Christian Devillers）相信，这并不只是一种关于表象的事情：这个展馆——有近53m长——比您想象的要大许多。[25]至于这个展馆到底有多大，部分有赖于您是怎么称呼它的。在1929年，鲁比奥·图杜理就惊讶地发现，有这么一个国家的世博会展馆并不像一种巨大、自傲的纪念碑。图杜理觉得，这个展馆更像是个居住建筑。[26]如果巴塞罗那展览馆可以被这么看的话，那它诚然就是一个大房子。而同时，像康斯坦特所坚持的那样，这个展馆也可以被认为是一处非常微小的地景。

视觉的极致

　　然而，巴塞罗那展览馆在尺寸上的不确定性并不仅仅在于它不确定的名称。密斯的传记人舒尔策（Franz Schulze）在谈论1924年密斯设计乡村砖体住宅时曾经写道："密斯对于普遍性的强烈追求，产生出几乎前所未有的一般化的开放平面。"[27]这句话也可以被用到巴塞罗那展览馆的身上。如果我们把这句话颠倒一下，然后说："密斯对于特殊性的强烈追求产生出来几乎前所未有的一个封闭性的平面。"这样的陈述肯定不成立；可如果这个陈述不成立，那么，我们就有了另外一个悖论。因为奎特格拉斯已经把这个展馆描述成为具有某种封闭性的东西了——巴塞罗那展览馆已经走向了密斯后期那些内院住宅设计中的"顽固围合性"了。奎特格拉斯认为："在密斯那里，我们会发现一种建造仅靠水平块面限定的隔离而封闭空间的一贯意愿。"[28]问题是，我们只被提供了两个极端化的选择：要么是一种向宇宙延伸的眩晕感，要么是一种活在夹缝中的封闭恐惧感（claustrophobia）。

巴塞罗那展馆的平面看上去是延伸性的。剖面看上去却是压迫性的。而建筑物本身既没有给人延伸性也没有给人压迫性的感觉。沿着展厅长向上的那些视景（vistas），都被两头的端墙框限住了。从内部看出去，透过浅色玻璃，您在对角上望到山坡上的植被。正如奎特格拉斯所言，您所看到的景象就像是一张拿到眼前的、静止、被仔细、被打量的照片（见图7）。唯一开阔的视野要下到下面的广场上看，但在1929年时，看广场意味着要穿越一段距离之外的一排爱奥尼克柱子。所以，视线不是被限定了，而好像是被遮挡了。展馆深色的玻璃阻止您清晰地看到外部。除此之外，您能看到的就是地面和天花，就是中景上各式各样的水平条，被一上一下两条宽阔而空白的平面三明治似地夹在中间。通常，人们会批评密斯过于把建筑空间都压在水平而平坦的面之间。密斯唯一一次这么干过的项目就只有巴塞罗那展览馆。

在20世纪20年代，凡·森丹（Marius von Senden）博士曾经到处收集证据，以便证明生来就盲视的人是没有空间概念的。他从那些后来通过手术获得视力的先天盲视者那里收集到一些陈述。其中的一位被访问者描述道，当他获得视力后向上看时感到特别地困惑。这里，不管凡·森丹博士的观点怎样，在我看来，这位被访问者在作为盲人期间一定有着一种高度发达的空间感的。他所理解的空间能够跟着他的行走一起延展。那个空间就像是套子一般，水平向上，由他身体的移动所限定，垂直向上，由他自己身体能够向上触及的范围所限定。[29]当他能够睁开双眼看世界时，让他沮丧不安的，应该是他意识到了空间原来是可以令他眩晕地向上延伸并超出他的触及范围的。而密斯的空间实际上跟这位盲人感到的空间套子没有太大的区别。

图7　1986年复建的密斯·凡·德·罗设计的巴塞罗那展览馆

我们还有另外一种描述这一场景的方式。习惯上，代表眺望一道遥远地平线的姿态就是举起一只手，在眼睛的上方，搭个"凉棚"（这几乎就是人们进行眺望时的一种本能性姿态）（见图9）：也就是说，为了眺望远方，我们就创造出一种密斯化的水平切片。奇怪的是，盲视空间的形状与为延展性视觉而创造出来的空间形状几乎相同，这也是造成了密斯作品中另外一组悖论的源泉。无论在海上，还是在草原或沙漠上，一处巨大而空旷的景象总倾向于将视觉兴趣全部集中在天际线上。同样的事情也出现在巴塞罗那展览馆里，就像出现在其他密斯建筑中那样。[30]里面的景象相当亲密，但是总有跟某种辽阔地景有关的微妙而又强烈的归属感，唤醒了一种关于遥远的"前感觉"（见图8）。这种效果被天花那出乎意料的明亮强化着，取得了类似湖畔路公寓顶板一般的效果。

　　巴尔（Patrick Barr）在1936年曾经提出过一个在此后被大家多次重复过的评价，就是密斯在20世纪20年代设计的建筑平面都很像荷兰风格派画家们（De Stijl）的绘画，比如杜斯伯格

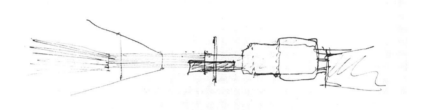

图8　1931年前后，密斯·凡·德·罗设计的内院住宅。室内透视图

图9　1747年雷诺兹（Joshua Reynolds）创作的自画像

（Theo von Doesburg）的《一段俄罗斯舞蹈的节奏》。密斯否认了这一提法。密斯回应说，建筑跟绘画不同。[31]的确，密斯的那些平面看上去是很像杜斯伯格的某个构成作品，但是这种可见的相似仅仅存在于类似平面这样的抽象手段上。您要是走入巴塞罗那展览馆内部的话，您是看不出这种相似性的，这么说吧，因为风格派的构成是要在二维画面上才能被体验出来的。密斯所说的关于建筑和绘画不同的话，的确是正确的。如果来自某幅绘画作品的构成被放平到地上的话，就像一栋建筑的平面图那样，这种构图上的可解读性就被大大地削弱了，并且非常可能，它也会变成另外不同的东西。

这就是发生在巴塞罗那展览馆身上的事情。有趣的是，虽然巴塞罗那展览馆带着某种程度的涂绘性，但却不是我们这个时代的涂绘性，而是对一个让我们想起的更早时代的抽象。地平线在一点透视中变得如此重要。作为描述透视画法的第一人，阿尔伯蒂自己对透视的展示中也包括了可能是一幅海景透视的绘制，因为海景展示了理想化的平面是怎样向理想中的地平线退去的情形吧。阿尔伯蒂透视法中的基本元素就是那些指向地平线的平面：“我说，某些面被放倒在地上，像建筑地面的铺砖一般，躺在那里；另一些面跟它们等距。还有一些面在它们的两侧竖立起来，就像墙一般。”[32]

单单从这样一段陈述中我们就可以看到，密斯式的“自由平面”，在实际的体验之中，与其说是跟风格派艺术家们“反一点透视”（anti-perspective）的志向有关，倒不如说是跟阿尔伯蒂透视绘画的构成发现的关系更为密切。

阿尔伯蒂是在盒子里面完成他的景观透视演示的。[33]他坚持认为：“如果天空、星星、大海、山峦还有所有的身体都被减半的话，如果上帝希望这么做的话，那么，对于我们而言，一切都没有因此而缩小。”[34]不过，在阿尔伯蒂的理念和巴塞罗那展览馆之间建立一种联系，并不是要指责密斯建筑有些历史主义，因为在文艺复兴的建筑中尚无此规模或是说尚无对地平线的如此探索。

有物质性，但无身体性（physical but bodiless）

巴塞罗那展览馆容易让人想到风格派绘画的另一个侧面就是它的色彩。蒙德里安（Piet Mondrian）花了近20年的艰苦削减，才把风景画提炼成为他成熟画作上的那种纯粹性，他的野心在于清除所有的偶然性。密斯将那些涂满原色的面拿过来，再度向这些原色的面里注入了——我想说，密斯能够收集到尽可能多的——偶然性，但如果更精确的话，我会说，密斯注入了他能够收集到的偶然性的一半。蒙德里安白色背景上的那些红黄蓝的原色板，在密斯这里变成了深绿色的古蛇纹（verdantique）大理石、灰绿色的带丝纹提尼安（Tinian）大理石，还有镶嵌在带斑点奶黄色的钙华石地面上的纹路恐怖的橙色条纹理石（onyx）。

　　密斯在如此这般用材上所表现出来的潜在"幽默"可以从另外一个有趣的行动中得到凸显。让我们假定，密斯当时就是以保持材料真实性和本色的理由拒绝了把这栋建筑的表面用原色涂料刷一遍的要求。这一要求来自巴塞罗那展览馆的委托人格奥尔格·冯·施尼茨勒，毕竟，他还是德国涂料和染料公司联合体的董事。[35]当包豪斯的原教旨主义者梅耶（Hannes Meyer）倡导建筑师们应"不用刷子"，要用建材本身的颜色给建筑上色时，[36]我怀疑，他脑子里会想到挂在轻钢龙骨上的昂贵装饰性石材——虽然这也可以说成是使用装饰性覆层的另外一种做法。而密斯在色彩处理的问题上，用一种诙谐者的精确，破掉了"理念"和"影响"。那么，巴塞罗那展览馆是在跟"唯实"（realism）和"唯心"（idealism）都开了一个玩笑吗，因为这个建筑既不暗示唯实也不暗示唯心？这看上去不大可能。密斯的行为跟"幽默"有着相似的模式，可是在具体的背景中去理解，密斯的行为并不好可笑。密斯做法跟"幽默"的共同之处，就在于二者都有出人意料的成分。

　　西方传统以及现代主义学说都在说服我们去相信抽象是通过除去肉身属性获得的。这就是为什么德雷克斯勒（Arthur Drexler）杜撰了柏拉图出面帮助解释为什么密斯的建筑所寻找的是一种"绝对而不变的原则，这原则是独立于感觉之外，通过感觉，这原则的显现才能够得到认识。"[37]密斯自己的陈述以及有关他的建筑的图纸和照片，进一步强化了这一观点的可信度。现场去直接体验的话，密斯的建筑的确大多不会让我们关注其实体性（solidity）。不过，把这些建筑的物质肉身化仅仅视为某些外在事物的符号则肯定是错误的。

　　巴塞罗那展览馆的某些物质属性，诸如质量，是被压制住了，但是却有其他的物质属性被重点凸显出来，甚至到了过分的地步。对此，我们不该惊讶。马列维奇（Kasimir Malevich）指出，当事物变得越来越简单，越来越空洞的时候，心灵就会关注那些剩下的东西。[38]马列维奇想要创造一片沙漠，好让人的注意力都集中在剩下的东西身上。诸如方和圆这样的形式，诸如黑和白的色彩，恰恰是因为它们没有太多的内在兴趣，它们才可以被保留下来。马列维奇写道：最后剩下的就是情感。我们中间的唯物主义者或许会说，在马列维奇作品中最后保留下来就是颜料——就是那些被马列维奇熟练地涂上去的带着画笔笔触的现在已经干裂的颜料（在那些马列维奇绘画、摄影复制品上，我们从来看不到裂痕的）。尝试清除感觉属性的做法反而会让人高度敏感于那些属性的在场。这也是为什么，20世纪的抽象绘画总在炫耀和否定画面材料性表面这两种态度之间徘徊；总在波洛克（Pollock）和蒙德里安之间振荡。但是，还有大量的作品，巴塞罗那展览馆就算作其中一例，属于另外一种类型。这些作品之所以采纳了抽象的程序，为的是要揭示那些既不是形式也不是材料的属性。为此，这些作品强调的是色彩、光感、反射性和吸光性。[39]

光是实在的，但光没有质量；重力也几乎对光产生不了作用。统治我们思想和感知如此之久的"物质–形式论"（hylo-morphism）把我们对物质现实的意识限制在形式和物质这两大原则里。光为我们提供了一条摆脱"物质–形式论"的重要逃逸之路。

巴塞罗那展览馆最显著的特性都跟光和深度的感知有关系。这是为何画出来的立面图反映不了建成状况的原因之一，反过来，也是为何当我们在巴塞罗那展览馆的中央发现还有一个薄薄的乳白色的泛光玻璃盒子时会如此惊讶的原因之一（见图10）。[40]邦塔找到的一份一手资料上描述说：当时在屋顶的遮盖下，这个玻璃盒子感觉上很沉闷。邦塔赞同这种描述。无论是谁，粗粗看下图纸，都会得到这种感受。[41]虽然这个玻璃盒子很明亮，但它的周围都很幽暗。在1929年拍下的那些照片，留下的图纸和描述中，这个盒子又在哪里？我们有足够的信息证明这个盒子当时就被建造出来了，但是有关它的描述却很少。据说，密斯并不满意这个盒子所投下的影子，于是在举行开馆仪式的当天就把盒子里面的灯给关了，[42]照片上显示出屋顶上能放进大量日光的开槽也被遮挡了。但是，密斯在吐根哈特住宅的用餐区背后，也做了一道类似的发光墙。[43]而现在，在重建出来的巴塞罗那展馆中，这个盒子倒像一个空白的广告灯箱，一种美国商业主义的预演，尚未贴上广告的广告牌，一种美国中西部情怀的先兆；（怎么说呢），挺美的。

巴塞罗那展览馆的形式和材料都仅仅是操控光和深度的工具。抛光过的大理石、镀在钢上面的铬以及有色玻璃的组

图10　1986年（被复建起来的）密斯·凡·德·罗设计的巴塞罗那展览馆德国馆

合——这些材料都是平滑和高度反光的东西——都在遮掩着表面下面的实体性。于是，我们用手敲敲展览馆的墙时，墙体肯定就会发出空洞的回音。

在诸多的墙体中，要属贴着条纹理石的那面墙最具异域情调，最为突兀，最为昂贵（见图2）。许多批评家把这面墙看成是一个中心性构件，但据密斯的说法，当时他选择了条纹理石原本就是源自一次偶然遭遇。由于这样一次偶然事件，直接的结果就导致了密斯的另外一项决定——依我看来，这项决定与其他决定相比，更加直接地奠定了该建筑整体那悖论化的一致性。三十年后，密斯回忆说：

"当我有了巴塞罗那展览馆的设计时，我就不得不到处寻找建筑材料。没时间了，事实上，没剩下多少时间。当时已是深冬，你不可能在这种天气里把理石从石矿上拉出来，因为理石里面还是湿的，很容易就断掉。于是，我们不得不去寻找已经放干的石材。我寻访了好些大型的理石仓库，在其中之一，我发现了一块条纹理石的石材带。这条石带的尺寸就那么大，既然我只能用这块条纹石带，我就把巴塞罗那展览馆的高度设计成为这块条纹石带宽度的两倍。"[44]

当时，这块条纹石带已经被订购为一艘豪华轮船里理石花瓶的原料，密斯还是说服场主把这条石带留给他用，并且当下就付了款。从密斯的话中，我们可以断定，密斯对于巴塞罗那展览馆的天花高度当时并没有一个正式的想法——虽然，在几乎同时的一些项目中，比如吐根哈特住宅等此后一些其他项目中，密斯也把这些项目的层高定为巴塞罗那展馆的层高。

地平线

当我浏览那些我所拍摄的重建的巴塞罗那展馆的幻灯片时，我发现我很难确定这些幻灯片的上下——我以为这是"摄影赝象"（an artifact of photograph）的缘故。不过跟着，我就变了主意。这不是一种摄影赝象，而是这个展馆本身的某种属性造成的，某种我当时在场却没有注意到的属性。幻灯片只不过让这种属性变得易于辨认罢了。此后不久，我在研究学生们画的巴塞罗那展览馆的速写时，我发现别人也有跟我相似的困难。有位学生在给速写题字时，也搞错了上下的方向。

我的图片所暴露出来的东西，跟康定斯基（Kandinsky）所注意到的那种效果还是不同的。康定斯基曾经注意到，"非具象形式"（non-figurative form）是不具有优先的方向感的。这一点，后来被漫画家们不断地利用。而在巴塞罗那展览馆中，这种上下颠倒性来自一个最不可能的源头：就是对称性。这一点很出人意料，因为密斯破掉了该建筑围绕着竖轴上可能的左右对称（就是我们可能期待的左右镜像对称），并有意识地显示这种左右对称是不在场的。跟着，密斯却在另外一个维度上大量地引入了对称，而人们似乎很少会有意在这个维度上去寻找对称：就是以地平线为轴的上下对称。在古典建筑中，这种以地平线为轴的上下对称是不可以的。古典建筑中存在着左右的对等，却不存在着上下的对等。建筑从下往上发展，是不可以相同的。一个上下颠倒的世界被认为是一种家庭混乱或政治混乱的形象。[45]我们都懂得这类喻像，但是我们或许会问，一个上下颠倒了也不会引起我们注意的世界该是怎样的世界呢？该是最为平静的癫狂状态吧。

虽然不彻底，巴塞罗那展览馆中的上下对称还是颇具威力的。它的压倒性力量来自一个简单的事实：就是用作对称的轴面非常接近人眼的高度。对于任何一位具有正常身高的人来说，条纹石墙上的区分线跟地平线几乎是无法被区分的。如果我们相信密斯回忆的话，那我们必须接受，这样的效果只是一次偶然的巧合。然而，有证据表明，密斯很快就发现了他的这个选择所带来的影响，于是这项决定就改变了密斯对自己设计的看法。[46]

阿尔伯蒂把地平线称为"中心线"（central line），阿尔伯蒂也曾用这一术语去描述一个圆的直径。这表明，阿尔伯蒂所想象的是，在眼睛的高度上，这根地平线将人的视域切为上下两个相等的部分。[47]如此建立出来的对称轴面，比起竖轴来说，更加难以逃脱。在竖轴对称中，正面视看的正中心灭点是最佳视点，但也只是偶尔才获得其优势地位。我们绝大多数的时候都是从某个斜向的角度在看这种竖轴的左右对称，所以，我们对两端的视网膜影像肯定是不对等的。而在密斯的巴塞罗那展览馆中，这个上下对称的轴面您几乎是回避不了的。只要您正常站立或行走，眼睛总是送到了这个轴面的位置上，所以视网膜影像中的上下部分总是相等的。唯一逃避这个轴面的办法是弯腰、坐下或是蹲下。为此，我特地找来了我能找到的关于巴塞罗那展览馆的原馆和复建品的所有照片。这些照片表明，虽然从没有人提及这个统领性的轴面，大多数人（以及他们的相机）总处在这根轴线上。如果照片上显示了人物的话，您就会注意到，人们的眼睛都漂浮在条纹石接缝的那根线上。如果没有人物出现的话，请您注意，首先，有多少元素会反应这根线，其次，去注意一下斜角状态下某些表面向灭点消失的轮廓线，注意天花和地面同地平线所构成的夹角的几乎相等。这也正是在透视中，如果从中间高度看过去的话，所有垂直于画面的矩形面所具有的一种属性。还请您注意，您是很难分出那个反射着光的钙华石地面和吸着反射光的石膏天花板的。如果地面和天花板用的是同一种材料的话，那么，二者之间在光度上的差别肯定更大。这里，密斯选择了一种材料上的不对称来创造一种光学上的对称性，他让自然光从地面反射到上面，好让天花更像天空，[48]让室内的氛围更加延续。

在保留下来的唯一一张仔细构建的透视图上（见图4），表明了密斯是意识到了这一属性的。在那张图上，条纹石墙精确地在地平线处被等分。如果把该透视上下颠倒，这图就会显示出来一种上下对称的轮廓。这样的情形也出现在密斯画的吐根哈特住宅的起居室透视图上，虽然在这个房子中的一面独立式隔段墙（free-standing wall）上密斯用了3块条纹石，使得地平线不至于会像巴塞罗那展览馆中那样明显地显示着上下的对称。在巴塞罗那展览馆中，当眼睛在水平线上扫视时，观察者们更容易注意到他们眼前发生了怎样的变化（在巴塞罗那展览馆中，除了这面条纹石墙之外，其他墙面的石板也都是3条）。就这样，密斯在稍晚建造的吐根哈特住宅中，抹去了这种有力却又下意识对称的唯一尺度的偶然性源头。巴塞罗那展馆的净高为312 cm；吐根哈特住宅的净高为317.5 cm。1927年建造的伊斯特斯兰格（Esters/Lange）住宅也有类似的天花高度（306.25 cm），但是并没有探索水平线为轴的对称，而密斯后来的一系列项目中，所有的透视图都清晰而连续地肯定着这一点，包括盖理基住宅（Gericke House）、乌尔里奇·兰格住宅（the Ulrich Lange House）、哈勃住宅（the Hubbe House），还有其他3个合院式住宅。在这些透视图中，密斯更愿意画上一些人体雕塑而不是人物。通常，那些人体雕塑的眼睛高度和地平线是错开的，要么是像巴塞罗那展览馆中的雕塑家科尔勃（Kolbe）制作的人像那样通过放大其尺度，要么是因为人像斜卧的姿态。密斯从来都没有讲过自己对这一现象的兴趣。然而，重要的是，声称着视觉地平线乃是人类的一种基本特征的勒·柯布西耶，却坚决拒绝在室内净空的设计时采用人体的双模度高度（即，366 cm），并且解释说，他不想看到在地板和天花在中间的等分。[49]

这种在某个面上重建某种属性却在另一个面上彻底消解它的意义并不十分明显，但这很容易让人想起密斯的另外一些"搪塞"（tergiversations）。抽象、材料性、精神、结构、对称、非对称性——没有一个概念在密斯的手里是安全的。在研究了巴塞罗那原馆的关键性证据之后，邦塔得出一个结论，只有"理念"在这一建筑中被推到了伟大的地步。但我在复原展馆那里所看到了，却是一栋正在吃掉诸多理念的建筑物。

对批判功能的反思

这个复建的巴塞罗那展览馆吃掉了新的理念，也吃掉了旧的理念。原来旧馆中那种反光性的特点在重建中可能就被当成了偶然性的东西。有位作者抱怨说，那些反光"让评论家们睁不开眼，看不到密斯作品中重要的建筑价值"。[50]对比之下，像塔夫理（Manfredo Tufuri）、海斯（Michael Hays）、奎特格拉斯这样的评论家们，近来，在他们关于密斯建筑的分析中，特别是对巴塞罗那展览馆的分析中，充分强调了其中的反光性。他们把反光性看成是密斯建筑执拗沉默的一个侧面。一个充满反光的建筑物是一种回音，而不是一种陈述。在《对玻璃的恐惧》一书中，奎特格拉斯戏剧化地描写了一人独处巴塞罗那展览馆时的困境，仿佛是错入了自己的虚拟形象世界似的。[51] 在"批判性建筑"一文中，海斯把反光看成是理解巴塞罗那展览馆的一把钥匙。通过进一步阐述塔夫理先前提出的一些较为泛泛的概念，[52]海斯探讨了反射是如何混淆了人们的现实图景。虚拟世界和现实世界变得难以区分，这样，就体现出现代生活所面临的混沌状态。对于海斯和塔夫理来说，反光性是密斯创造一种关于世界的沉默剧场的方式，而同时，又和这个世界保持着一段批判性距离。对于上述三位评论家来说，反射打破了日常感知的冷静和各处等价的空间。在谈到这种"矛盾的感知事实的蒙太奇"时，海斯写道："空间的扭曲和破碎是彻底的。对这样一堆碎片，任何一种可能赋予其绝对统一性的超验性的空间和时间秩序都被系统地和彻底地驱散了。"[53]我固然会赞同这些批评家们在关注点上的转移，同时，我也发现我自己很难赞同这些批评家们对于巴塞罗那展览馆的反光性的阐释。

反射并不常是导致混淆的源头，诸多艺术和建筑作品包括密斯的某些项目都曾使用过反射的手段：例如，密斯1922年设计的那些摩天玻璃大楼（Glass Skyscrapers），[54]以及1934年世博会上密斯为"德国大众/德国劳动"（Deutsche Volk/Deutsche Arbeit）设计的玻璃展示装置（就是密斯给纳粹政府设计的一个建成项目）。密集排列的玻璃板构成了圆筒状，玻璃彼此折射，也折射着背景，好像它们就像是一些镜片似的。迸发出来的反光四下跳跃。在某些条件下，巴塞罗那展览馆中光的游戏可以变得很令人眩晕（见图11）。但是，这个展馆作为一个整体是否就能够被描写成为充满了断裂和错位的建筑呢？或许只有那些柱子们被可以这么认为——因为这些柱子，很难判断是在支撑还是在拉紧。[55]

镜子可以打破一致性，也可以揭示它。早在17世纪，就有过好多展示镜子这一能力的实例。人们把变形术（anamorphosis）（就是变形以及不可解读的形象投射）与反射术（catoptrics）（研究镜子的学问）结合在一起。通过在投影中心点上放置一个圆柱体或是圆锥体的镜子，弯曲的形象就会被重新修复到其合适的形状上去。此类戏法中最常见的手段之一就是通过曲面镜子把一系列扭曲了的形象再度转化成为可以识别的形象，但在杜伯伊（Jean Dubreuil）的《实用透视》（1651年）一书中使用的却是一枚棱锥镜。[56]棱锥镜的面上只会反射镜子所照见的形象的某个局部。杜伯理尔使用这样的镜子把一堆不同角度上的人头的杂烩转化成为一对单人的人头像，将多元的形式转化成为一种二元的形

图11　1986年（复建起来的）密斯·凡·德·罗设计的巴塞罗那德国展览馆

式（见图12）。本来，变形投影的目的是要混淆原来的形象；而镜子的使用则是要形成对形象的复原。是镜子发现了隐藏起来的形象。这也是为什么，诸多保留到今天的变形术例子讲述着多是秘密或某些非法的主题或题材——诸如在性上、政治上或是宗教上的话题。[57]巴塞罗那展览馆中的反射形象也以相同的方式发挥着作用：正是反射，修复了建筑可见的形式中被抹去的一个秘密。

　　必须承认，反射的效果通常是扰人和令人困惑的。然而，如果一栋建筑自己反射自己，而不是反射周围环境的话，而且这个建筑之内的反射总是在平行或是垂直的表面之间进行的话，结果却相当不同。在这样的环境中，任何一种原本是不对称的格局也会出现虚拟的对称，就像一对"联体双胞胎"（Siames twins）似的，一道反射面从二者中间切过。

　　在巴塞罗那的展览馆中，有一处"联体双胞胎"似的反射细部表明密斯在设计巴塞罗那展览馆时是利用了我所描述的反射效果的。您从展馆的东北角看过去，展馆的底座——我们通常被告知，展馆上部的那些墙体从来都不是跟底座的基础对位的——在这个角度上看，展馆的底座只是建筑物前面的薄薄一长条（见图1）。在这个长条之外，才是提尼安大理石围出的那个小水池，小水池直接下切入了地面。是不是有些东西还没有设计完呀？还是另外一次意外？密斯曾经反复地画着底座的边线，好让它通体包围整个建筑，密斯认可的是一幅在很久之后的修改图稿，这张图上显示的就是底座边线包围着建筑。这就是1929年为了出版目的重绘的那张图（见图3）。[58]但在第二稿的方案图上[59]则显示着，即便是在设计的初期，密斯就在想把底座设计成为现在建成的情形。不同的是，在早期的方案中，密斯最初画底座的壁垛时会让底座的壁垛在提尼安大理石墙的转角处包过去很大一段距离。

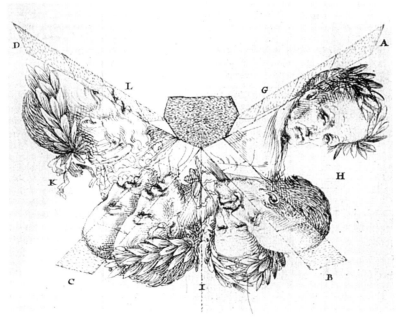

图12 1651年，杜伯伊的《实用透视》一书中，展示了棱锥体镜子是怎样完成将6个人头转化成为2个人头的变形术的

　　这个从东北角望过去的场景中就是若干因为展馆自我反射所形成的"联体双胞胎效果"的例子之一。两组对分出来的灰绿色大理石板横贯了一张闪亮的竖向墙面，这张大理石面延伸到了玻璃板的墙体中。在这一表面上，紧贴着3个白色元素：一个元素就是处在基地远端括号般的窄窄的U形墙，它跟展馆深色的墙体形成着对比；一个是在反光墙那刀锋般的边沿上悬出来的那条翼般的细长屋檐；还有一个白色元素就是底座上那一条细长的白色壁垛。墙体退回壁垛的深度是一条铺地钙华大理石板的宽度。在墙面的反射中，石板的边线就呈现了双厚。又因为底座的壁垛是在这堵墙端处开始多出两块石板的宽度，这样，墙面所呈现的这三要素的镜像对称——一半是真实物，一半是墙面反射物——就在这个反射的墙面结束之后，仍然可以继续下去。[60]对称的幻觉向真实世界延伸出来那么一点点——它是一种光学战胜平面几何的胜利。密斯是在后来才改出这一设计的。他的那些草图表明，最初，密斯是想设计一个没有什么特别目的且边线不连续的底座，然后，才想到可以将突出出来的底座壁垛调整成为现在的模样，以便形成在投影中的对称。首先，密斯彻底除掉了对称（在平面和立面的构图上，都没有对称），然后通过"旁门"，密斯又把对称悄悄地运用了回来，出现在天花和地板视觉上的上下对称中，最后，密斯还用一组虚构（在反光中的虚影）重新回到了对称的常规排布中去了。也就是说，密斯在其欧洲期间的激进作品中并没有遗弃对称，只是在后来美国的项目中重新恢复了对称罢了。可以说，对称，还从来都没有过像在巴塞罗那展览馆中那样被以如此有力和如

此多样的方式表现出来过，对称，原来就是一个藏在巴塞罗那展览馆中真实版的特洛伊木马（图13）。对称，可以在诸如一块铺地石板中如此明摆地出现，以至于大家都认不出来；而对称在巴塞罗那展览馆沿着视觉地平线的出现却是如此地出乎意料，同样，也让大家都认不出来。因此，巴塞罗那展览馆中的对称是彻底直白的，或者说是接近不可思议的。因为远离了对称常规的正常的中间地带，对称变得很难辨认，却又无法回避。

根据塔夫理和海斯的看法，密斯式的反射是打破事物的一种方法；而在我看来，密斯的反射还是创造一致性的一种手段。在巴塞罗那展览馆中，这两种类型的反射都出现了。那么，哪一种反射才是更主要的呢？为了辩论起见，让我们先假定是后者占了上风。那么，塔夫理和海斯如此强烈倡导的，密斯的建筑通过肢解我们太过统一的现实图景而获得了一种批判性立场的说法还成立吗？这个说法不成立，但这并不一定就意味着这个展览馆就不具有批判性。它可能在其他方式上是批判性的。

同样，也可能在其他方式上这个建筑也不存在所谓的批判性。在某些圈子里，艺术的批判功能现在被当成了一种理所当然的事情：一件艺术品就因为它具有批判性，就被判定成为优秀的作品。这种多少有些"不具批判精神"的随意态度得到了某种假设的助长，就是有些批评家们会假设，在任何两种事物之间的差异，都可以被用来当成是某种批判的对象，的确，他们也可以这么做。可是，任何两种事物之间的差异很有可能仅仅就是一种意外、一种多元性或是反差。任何一件艺术品或是建筑作品或许可以一开始就带着某些批判的意向。但也很有可能，建筑或艺术品是后来才引发出某些不然就不会存在的批判

图13　1986年复建起来的密斯·凡·德·罗设计的巴塞罗那展览馆。这是带有小水池的内院。我们可以在这里观察到4种类型的反射对称。水池内院（的墙面）本身就存在着左右对称。反射到左边的淡绿玻璃墙后，产生了四个限域的对称。这里，地平线为轴的对称是重点。水池表面还产生了另外一种反射。如下，水池里产生了8个部分的对称

性反应的。即使引起了批判性反应，我们仍然可以去证明，一件艺术品或建筑作品在本质上是可以不具有批判性的。它们不一定上来就要"否定"，但总需要去"肯定"——尽管所"肯定"的仅仅是它们值得"我们去注意的"这么一点价值。然而，如果我们把批判的功能当成是艺术的衡量标准的话，艺术就和"评论"混为了一谈。这样，跟语言相类似的比喻就又回来了。巴塞罗那展览馆不像一种语言。它跟语言的关系是"吃掉"它，而不是模仿它。

通常，艺术都被描绘成为世界的对立面，因为艺术被认为注定就具有非典型性或者非现实性。相比之下，日常的存在被认为太过普通。这也就是为什么那些肯定了现实性的作品总是招致批评、失望、挫败、沮丧、谴责。这也是为什么巴塞罗那展览馆，拥有着那么多积极的品质，却仍然会投下一个长长的负面影子。

在他们对密斯的解读中，塔夫理和海斯拿出了陈旧的审美距离概念，并且重新将之组装成为批判性距离。[61]这两种类型的"距离"或许可以用相同的词汇来描述，但是它们却源自两个相反的潮流。批判性距离的保持为的是审查；审美距离的保持为的是谄媚。批判性距离揭露的是污点；审美距离为的是预防。让我们现在回到巴塞罗那展览馆美学的政治上吧。我想说，密斯和世界保持着一定的距离，为的不是去沉思世界的荒谬，而是去回避世界的气味。

分神（distraction）

阿尔伯蒂认为，明智的做法就是去建造美丽的建筑物，因为美丽能够保佑建筑不被损毁。阿尔伯蒂问道："用什么样的聪明才智才能建造一栋足够坚实的建筑，去抵抗暴力和武力呢？"他认为答案是"有"。因为"美丽就具有这样的效应，即便是面对暴怒中的敌人，美丽也会减少敌人的愤怒，阻止敌人对建筑实施破坏。因此，我要大胆地说，在抵抗暴力和损毁时，没有什么比美丽和尊严更加安全的东西了。"[62]美丽将脆弱转化成为牢固，并且，我们很容易就从这个例子中看到，建筑物该具有的美丽和尊严跟女人该具有的美丽和尊严很相似，可能，甚至是出于同样的原因。阿尔伯蒂暗示说，军队看待某种纪念性构筑物时，就像一个男人在看一个女人。阿尔伯蒂的这一观点跟500年后萨特（Jean-Paul Sartre）的观点没有什么不同。在"想象力的心理学"一文中，萨特解释了美丽是怎样将事物带到人们不能触及并因此感到有些"悲哀地失去兴趣"的地步的。"正是在这个意义上，我们可以说，一个女人身上的巨大美丽，反而剿灭了人们对她的欲望。要想得到她，我们必须忘记她是美丽的，因为欲望意味着直接投身于存在的内心之中去，投身到那些最偶然和最荒谬的事物中去。"[63]

虽然"魅力"（attractive）和"美丽"（beautiful）二词常被当成同义词，但是美丽，在阿尔伯蒂和萨特那里，却并不意味着有魅力的吸引。二人所说的"美丽"反而是另外一种品质，让我们造个词出来，就是"分神化"（distractive）。统治着西方意识的那种美丽正是通过把人们的注意力从事物的使用（或是滥用）上岔开来，转移到对事物的外表的关注上去，从而达到浇灭人类对于某件事物的欲望的。巴塞罗那展览馆的美丽也正是这样一种"分神化"的美丽，但是巴塞罗那展览馆并不是把我们的注意力从它的脆弱上转移开来，而是将进入其中的观察者从他在别处经历到的烦扰转移开来。这是一栋关于遗忘的建筑。

那么，密斯的建筑想让我们遗忘什么呢？这个问题几乎毫无意义。这个展馆的抽象、沉默、空洞，让我们很难确定这里被拿走了什么。难道这不就是关键点吗？如果我们能够轻易地讲出来，那么，逃避的努力将会变得毫无价值。即便是我们深入到密斯本人的内心世界以便找出他的建筑有什么东西能够使他遗忘，那也不一定就会告诉我们是什么使得我们自己遗忘，或者是什么使得他人可以遗忘。这个问题几乎毫无意义——但也不全是。遗忘，是一种社会活动。就像知识可以被社会所建构那样，无知也可以被社会所建构。集体的遗忘活动产生出来的是天真——就是我们构建出来的用以保护自己不受他人伤害，或是他人不受我们伤害的那类天真，而不是那种已经丢失的天真。

至于巴塞罗那展览馆帮助密斯和他的同代人都遗忘了什么，我猜是两种东西：一个是政治，另一个是暴力。修昔底德（Thucydides）曾直接参与过他正在记录的战争，修昔底德说，与记忆的艺术相比，他更喜欢遗忘的艺术。修昔底德对失忆的偏爱有着一种心理学上的解释。当情形不断恶化的时候，我们的注意力要么是彻底沉浸其中，要么就会彻底地抽离出来。于是，维莱特（John Willet）在描写魏玛德国的艺术家时写道："即便是在20世纪20年代中期那段最为平静和表面上看最为清醒的时段里，这些艺术家中那些最为敏感的人已经感到了某种一触即发的不安的危险。许多年后，格罗斯（George Grosz）在他的自传中写道，'我感到大地在我的脚下颤抖，而且这种颤抖也出现在了我的作品之中'。"[64]但是这种"颤抖"并没有出现在密斯的建筑中。仿佛是跟这种地震的干扰隔离开来似的，巴塞罗那展览馆没有一丝颤抖的迹象，因此，恐惧也似乎不存在。

历史告诉我们，当时已经是万分危急。在魏玛德国，如果是为了努力回避去知晓危险而遗忘过度的话，就意味着对野蛮敞开了大门。无疑，当时是存在着诸多此类遗忘的。很显然，艺术是可以告慰某种困惑中的良知的。我所暗示的，正是另外一种集体遗忘的存在。这种"遗忘"具有潜在的构建功能，这一点，常常是20世纪艺术史轻巧地就忘记的——虽然现代主义在很大程度上体现的正是这样的遗忘。假如我声称，艺术所提供给我们的"分神"对于我们的内在平衡，我们人性、我们启蒙的发展来说是根本性的话，我的这种陈述是否有些夸大？我怀疑。艺术总会构成一种挑战，但不是每一种挑战都能够领向"暴露"或是"揭发"。遗忘也可以是一种挑战。这也正是欧墨尼德斯（Eumenides）的话。

通过它的光学特性，通过它的解体了的物质性，巴塞罗那展览馆总是把我们的注意力从对巴塞罗那展览馆作为一个物体的意识上转移出去，转移到我们对它的视看方式的关注上去。被推到了前景的激动，把意识推到了"统觉"（apperception）的地步。这个展览馆乃是体现康德所说的美学判断（aesthetic judgement）的一种完美载体，其中，我们对自己感知的意识统治了所有其他形式的兴趣和知性（interest and intelligence）。但是康德认为，从这样一种明显没有目的性的活动中，我们才建构着我们的归宿。退一步，进两步。在遗忘了当下的颤抖之后，我们反而靠近了一种潜在未来的模式。"分神"不是失忆，而是"转移"（displacement）。

然而，或许可以看到，密斯更多的是倾向于向过去的转移而不是向未来的转移。科林·罗（Colin Rowe）将密斯晚期作品中更加明显的对称性阐释成为密斯向古典主义传统的一种回归。[65]巴塞罗那展览馆也用了多种方式鼓励我们的意识去回味我们所遇到的那些不引人注意的对称的感知。这难道真正意味着密斯这位典型的暧昧大师悄悄地再度把左右对称的神圣架构带回到建筑中，去抵抗这个展馆的不对称性所代表的民主和自由吗？特洛伊木马靠的是伪装把外国的军队带进城的。特洛伊木马式的伪装倒也很适合去形容到目前为止我们所讨论过的密斯对合并对立的偏好，并且也符合着在光辉的表面下会潜伏着一种深刻的极权主义的看法。

通常人们认为左右对称是通过强调中心来肯定统一的。纪念性建筑已经在过去的千百年中展示着这一点。黑格尔（Hegel）认为，对称乃是象征艺术原初形态的显现，是人类精神以感知的形式的最初体现。黑格尔写道："通过对称，建筑为上帝的'不恰当的实体化'（inadequate actuality of God）铺平了道路。"[66]神权、暴君、贵族统治的社会秩序似乎都密切地跟这种对称的形式格局有关。所以，当塞维（Bruno Zevi）写道"一旦你抛弃了对对称的迷恋，你将在通向民主建筑的路上迈出一大步"时，[67]他也道出了好几代现代批判家们的心声。我们对于左右对称的认识来自那些熟悉的例子：根据帕斯卡（Blaise Pascal）的说法，来自过去的巨大建筑纪念物，还来自人的脸孔。一个国王的皇宫的入口和一张嘴就有很多共同之处。二者都是骑在一条对称的面上，二者都倾向于掩盖这样一种事实，就是左右对称的产生乃是一种开合的操作，而不是一种中心化的活动。在左右对称中，并不存在着等级；甚至相反。只有当我们在对等的两半中间加入第三者时，我们才把相等转化成为一种带着梯度的等级。这个第三者是一种非本质性的多余者，这就是为什么"联体双胞胎"或是一对联体屋比人脸或是凡尔赛宫更能代表左右对称。左右对称向纪念性建筑的转化过程乃是一个无言的政治进入建筑外貌的惊人例子。当我们摆脱了几千年来通过建筑媒介建立起来的偏见之后，我们或许可以认识到，左右对称只是创造平等的一种方式，而不是创造特权的方式。这样，我们就用不同的方式去认识巴塞罗那展览馆中藏匿的对称了。这里大多数的对称都是"两段式"的。从不强调中心。或许，这才是为什么这样的对称会被密斯藏起的缘故？如果对称被认出并且被说出来的话，它或许就可能导向一种错误的曲解，或许就会混淆了对称想要描写的事物的属性。那样的话，这栋吞下了许多词语的建筑就很有可能变成了词汇的牺牲品。

而巴塞罗那展览馆中的对称跟纪念性的古典主义建筑当中的对称秩序完全不同。要想理解它们，我们必须改写我们对于"对称"一词的理解。帕斯卡曾经用一句话概括了古典意义上的对称："对称就是我们一瞥时看到的东西，对称就源自我们不再需要任何差异，以及基于人脸的事实。这就是为什么对称总是出现在宽度上，而不是出现在高度或是深度上的原因。"[68]而在巴塞罗那展览馆中出现的对称可不是一眼望过去就能够看到的东西；它们的存在有着诸多的理由；它们不像人脸上的对称；它们并不出现在宽度上，而是出现在其他维度上。

跋

我尽量克制自己不去评价巴塞罗那展览馆的重建争议，但我还是要为那些负责重建的人们鼓掌。有人会把巴塞罗那展览馆的原真性和二度复制性当成重大的话题，不过，我倒不觉得有什么大不了的。

注释

1. 璜·帕波罗·邦塔，《建筑与建筑的阐释》（Architecture and Its Interpretation）（伦敦，1979），第131至224页。

2. 同上，第171至174页。以及沃尔夫·特格特霍夫，《密斯·凡·德·罗：别墅和乡村住宅》（Mies van der Rohe: The Villas and Country

Homes）（纽约现代艺术馆，麻省理工学院出版社，1985年），第72至73页。

3. 纽约现代艺术馆（MoMA），《密斯·凡·德·罗档案》（Mies Archive），第2卷第一部分。在编号为14.2号的平面图上，这根轴线被当成衡量展览馆底座朝两个方向伸展的不同长度的基准线；在14.3号平面图上，有个雕塑底座跟轴线形成对位关系；在14.7号和14.20号平面图上，轴线被整合成为铺地网格的中线。

4. 西贝尔·莫霍利·纳吉（Sybil Moholy-Nagy），《流离者》，《建筑史学家协会杂志》（Journal of the Society of Architectural Historians）（1965年3月刊）第24卷第1期，第24至26页；伊琳·霍克曼（Elaine Hochman），《受幸运垂青的建筑师们》（Architects of Fortune）（纽约，1989）。

5. 霍华德·狄尔斯汀（Howard Dearstyne），一封针对西贝尔·莫霍利·纳吉文章的信，刊登在《建筑史学家协会杂志》（JSAH）（1956年10月刊），第24卷第3期，第256页。

6. 吉迪翁，《空间、时间与建筑》（Space，Time and Architecture）（麻省剑桥，1954），第548页。

7. 胡塞·奎特格拉斯，《重思建筑再生产》（Architectureproductions, Revisions），《对玻璃的恐惧》，科洛米娜（B.Colomina）与海斯编辑，第150页。

8. 霍克曼，第203页。

9. 邦塔，第155页。原文为 "Voilà l'espirit de l'Allemagne nouvelle: simplicité et clarte de moyens et d'intentions tout ouvert au vent, comme à la franchise —— rien ne ferme l'accès à nos coeurs. Un travail honnêtement fait, sans orgueil. Voilà la maison tranquile de l'Allemagne apaisée"。察看图杜理的信息，参见《密斯·凡·德·罗设计的巴塞罗那世博会德国馆》一文，《艺术备忘录》（Cahiers d'art）第viii至ix卷（巴黎，1929），第409至411页。该文由德国馆出版社再版，收录在《密斯·凡·德·罗设计的巴塞罗那世博会德国馆》（El Pavello Alemany de Barcelona de Mies van der Rohe）一书里（巴塞罗那，1987年），第42页。

10. 彼得·盖伊，《魏玛文化》（Weimar Culture）（纽约，1970年），

第139页。

11. 赫尔曼·维尔（Herman Weyl），《对称性》（Symmetry）（普林斯顿，1952年），第77页。在谈到开普勒是如何寻找显现在形式中的秩序时，维尔写道："我们如今仍然像他那样相信着宇宙的数学性和谐。但是我们不再在诸如规则体这类静态形式身上去寻找这种和谐，而是在动态法则中寻找这种和谐。"

12. 希区柯克（H.-R.Hitchcock）与约翰逊，《国际式建筑风格》（The International Style）（纽约，1966年），第59至60页。

13. 很难理解人们为何总要引用密斯这个1929年的作品，好像密斯获得了什么全新的洞见似的。勒·柯布西耶几年前就早于密斯阐明了这一原理。

14. 乔纳森·格雷格（Jonathan Greigg）。

15. 弗朗兹·舒尔策，《密斯·凡·德·罗：一部评介性传记》（Mies van der Rohe: A Critical Biography）（芝加哥，1985年），第158页。

16. 路德维希·希尔伯塞默，《密斯·凡·德·罗》（芝加哥，1966年），第16页。这句话引自普罗科皮乌斯，《建筑物》（Buildings），I，i，46；跟密斯一直工作到密斯职业生涯末期的阿德里亚·盖尔（Adrian Gale）在密斯这些美国作品身上观察到一个相似的效果。他描述说，克罗恩厅的内部空间就像是被老虎钳般的外部框架掐在其中似的。那个外部框架看上去就要把屋顶给压到地板上。这样的威胁也就需要阻止的抗拒力，观者心里能够想到的可以让屋顶和地面分开的力，唯有夹在中间的空间本身，仿佛空间变成了物质，有了弹性。见阿德里亚·盖尔，《密斯·凡·德·罗：欧洲作品》（Mies van der Rohe: European Works）《建筑设计专辑系列》（AD Architectural Monograph）第11号，《密斯：一种鉴赏》，（伦敦，1986年），第96页。

17. 伊西多尔·佩吉·博达（Isidre Puig Boada），《古埃尔领地教堂》（L'Església de la Colònia Güell）（路明社论出版社，1976年）。

18. 盖伊，第101页。

19. 这是密斯1960年接受美国建筑师协会金质奖章时的演讲词。见彼得·谢兰尼，概要，《建筑史学家协会杂志》（1971年10月刊）第30卷第3期，第240页。

20. 彼得·布莱克（Peter Blake），《一次与密斯的谈话》，《四大匠师》（Four Great Makers），第93页。

21. 特格特霍夫，第81至82页。

22. 柏拉图（Plato），《理想国》（The Republic），第10书，第1节。

23. 圣·奥古斯丁，《忏悔录》（The Confessions），第10书，第35节。

24. 加洛琳·康斯坦特，《作为风景园林的巴塞罗那展览馆：现代性与如画性》，《英国"AA"建筑联盟学院档案》（AA Files）1990年秋季刊第20期，第46至54页。

25. 出自我们的谈话。

26. 见注释9。

27. 舒尔策，第116页。

28. 奎特格拉斯，第133页。

29. 马里乌斯·凡·森丹（Marius von Senden），《空间与视力：对天生盲者手术前和手术后他们对空间和形状的感知研究》（Space and Sight: The Perception of Space and Shape in the Congenitally Blind Before and After Operation），希思（P.Heath）译，[伊利诺伊州格兰克（Glencoe），1960年]。

30. 纽约现代艺术馆，《密斯档案》，第2卷，第一部分，2.320-2.323。

31. 帕特里克·巴尔，《立体主义与抽象艺术》（Cubism and Abstract Art）（纽约，1986年）（再版），第156至157页。巴尔注意到它们相似的"破碎、非对称"性格。

32. 阿尔伯蒂，《论绘画》（On Painting），斯潘瑟（Spencer）译（纽黑文，1966），第52页。

33. 博斯科维兹（M.Boskovits），"对15世纪意大利艺术理论的贡献"（Quello ch'e dipintori oggi dicono prospettiva），《美术史学报》（Acta Historiae Artium）（布达佩斯特，1962）第8卷，第246页。

34. 阿尔伯蒂，《论绘画》，第54页。

35.《密斯·凡·德·罗：欧洲作品》，第39页。德国世博组委会总监（Commissioner General of the Reich）格奥尔格·冯·施尼茨勒挑选了密斯的展览馆设计。他也是法本化学公司联合体（IG Farben）的董事（译者注：这个从染料工业起家的著名德国化学公司联合体第二次世界大战时曾积极支持纳粹）。

36. 见《新世界》（1926）一文，收录在施奈德（Claude Schaidt）编辑的《汉内斯·梅耶：建筑、项目和文章》（Hannes Meyer:Buildings, Projects and Writings）第95页。引自海斯《再生产与否定性：先锋派们的认知项目》一文，收录在《重思建筑再生产：2》（Architecturepruduction, Revisions 2）（普林斯顿，1988），第161页。

37. 亚瑟·德雷克斯勒，《密斯·凡·德·罗》（纽约，1960），第9页。

38. 卡兹米尔·马列维奇，《非物体性世界》（The Non-Objective World），狄尔斯汀译（芝加哥，1959）。

39. 自从20世纪60年代以来，此类作品中的最现代者常常是雕塑和装置。因此，密斯的尝试在三个方面意义非凡：一个是因为早，一个是因为是在建筑身上，一个是他跟其他艺术家比起来，比如跟20世纪20年代和30年代探索着光和反射的拉兹洛·莫霍利–纳吉（Laslo Moholy-Nagy）比起来，更为微妙地探索了光学现象。

40. 康斯坦特认为，这道薄薄的泛着光的乳白色玻璃盒子在跟对面的条纹理石（习惯意义上的中心角色）在竞争着中心性；奎特格拉斯认为，这里存在着一种围绕着黑色地毯和这道光墙的二元中心性。要想硬给这个展馆以某种它不想要的中心性，肯定是错误的，但是除了奇特的光感，还有一个特性，让这堵光墙比条纹石墙显得更为突出：除了位于建筑两端沿着纵向走的两道"括号"般的墙体之外，这是唯一一道展厅内的纵向墙。一旦参观者站在了底座平台上，顺着展厅的长向，从一端看向另一端的话，这道光墙肯定占据着主导地位。因此，这道泛着光的墙就比其中任何其他要素更久更强地占据着人们的视野。相比之下，要直面条纹理石墙的话，就得转过身来。对我来说，我之所以能直面关注那道条纹理石墙，是因为知道了它的确有着核心重要性。条纹理石墙的声名在先，实体在后。

41. 邦塔，第145页。这是普拉茨（Platz）于1930年时所做的观察。

42.《密斯·凡·德·罗：欧洲作品》，第69页。我在这里很是感激纽约现代艺术馆密斯·凡·德·罗档案管理者麦克魁德（Matilda McQuaid），他向我提供了1929年时有关这道光墙的建造资料。

43. 纽约现代艺术馆，《密斯·凡·德·罗档案》，第2卷，第一部分，2.320-2.323。

44. 密斯这段有关条纹理石的回忆引自邦塔，第151页，但是出自卡特的书，1961年。

45. 参见诸如克里斯朵弗·希尔（Christopher Hill），《天翻地覆：英国革命时期的激进思想》（The World Turning Upside Down: Radical Ideas During the English Revolution）（哈芒斯沃斯，1975）。

46. 纽约现代艺术馆，《密斯·凡·德·罗档案》。

47. 阿尔伯蒂，《论绘画》。

48. 通常密斯建筑的天棚似乎不知从哪里就得来了光。在1927年斯图加特玻璃产业展览会上，密斯将缝在一起的白布拉紧，作为一种假天棚。这就是用顶光创造一种带有光感的表面的做法。这个展览会上密斯用过的许多材料，后来，都被他用到了巴塞罗那展览馆身上。

49. 出自跟索尔坦（Jerzy Soltan）的一次对话，1989年。

50. 彼得·卡特（Peter Carter），《密斯·凡·德·罗在工作》（Mies van der Rohe at Work）（伦敦，1974），第24页。

51. 奎特格拉斯，第128至131页。

52. 塔夫理,《建筑与乌托邦》(Architecture and Utopia), 拉·彭塔 (B.I.La Penta) 译 (1979), 第148至149页; 塔夫理,《球体与迷宫》(The Sphere and the Labyrinth), 达·奇亚诺 (P. d' Acierno) 与康诺利 (R.Connolly) 译 (麻省剑桥, 1987), 第111至112页, 第174至175页。海斯,《批判的建筑学: 在文化与形式之间》,《展望》(Perspecta) 21期, 1981。

53. 海斯, 同上, 第11页。

54. 有人很早就注意到玻璃易反光这一属性。亚瑟·寇恩 (Arthur Korn) 出版于1929年的《现代建筑中的玻璃》一书, 虽然推崇那种笔直而且孤零零的玻璃建筑, 还是评价道:"玻璃是容易引起人们注意却又不那么显眼的材料。作为膜, 非常好, 充满了神秘感, 纤细又坚固。玻璃可以不止朝一个方向打开空间。玻璃特别的长处就在于它所能创造出多变的印象来。"(初版中的前言)。

55. 玻璃门更添加了其中的困惑, 但在开幕式上, 密斯拿掉了门。有意思的是, 本来应该保障该展馆稳定性的那些柱子们, 因为它们身上泛出的反光, 让它们成了看上去最不稳定的要素了。

56. 让·杜伯伊,《实用透视》(Perspective pratique), 第二版 (巴黎, 1651)。第144至146页。

57. 尤吉斯·保楚塞提斯 (Jurgis Baltrusaitis),《变形性艺术》(Anamorphic Art), 斯特拉岑 (W.J.Strachen) 译 (剑桥, 1977)。

58. 这幅重绘图是由沃纳·布莱泽 (Werner Blaser) 完成的。1929年出版物上的图展示在: 纽约现代艺术馆,《密斯·凡·德·罗档案》, 第2卷, 第1部分, 14.6。

59. 纽约现代艺术馆,《密斯·凡·德·罗档案》, 第2卷, 第1部分, 14.2。

60. 在反光中的深度与突出出来的壁垛 (projecting spur) 之间还是有着细微差别的, 因为壁垛还要容下提尼安大理石墙的厚度。

61. 吉尔伯特 (K.Gilbert) 与库恩 (H.Kuhn),《美学史》(A History of Esthetics) (伦敦, 1956), 第269至270页。

62. 阿尔伯蒂，《建筑十书》（译者注：或《论建筑》），列奥尼译本，里科沃特编辑（蒂兰蒂，1955），第6书，第2章，第113页。

63. 让·保罗·萨特，《想象力的心理学》（The Psychology of Imagination）（新泽西州要塞出版社），结论部分，第282页。

64. 约翰·维莱特，《新的清醒：魏玛时期的艺术与政治》（The New Sobriety: Art and Politics in the Weimar Period）（伦敦，1978），第16页。

65. 科林·罗，《新"古典主义"与现代建筑 I&II》，《理想别墅的数学》（The Mathematics of the Ideal Villa）（1982），第119至158页。

66. 保路奇（H.Paolucci）与安加尔（F.Ungar）编辑，《黑格尔论艺术》（Hegel on Arts）（纽约，1979），第64页。

67. 布鲁诺·塞维，《建筑的现代语言》（The Modern Language of Architecture）（西雅图，1978），第15页。

68. 帕斯卡，《沉思录》（Pensees）（伦敦，1940），第28节。

罗宾·埃文斯：写作
罗宾·米德尔顿（Robin Middleton）

　　罗宾·埃文斯喜欢别人称他鲍勃（Bob）。鲍勃是一位具有原创性，旁人难以比肩的历史学家。然而，起初他并不想成为一位历史学家。他出生在埃塞克斯（Essex），在那里读的小学、初中，然后在罗姆福德（Romford）上的技校，但是他并没有在那里读大学，而是来到伦敦，进了"AA"建筑联盟学院（Architectural Association）——这所在当时世界上视野最为开阔、也是思想最为活跃的建筑学院。他的本科学位论文是关于压电结构研究的（piezoelectric structures）（这是基于某种说法的幻想。就是如果电流通过某类陶瓷时，这类陶瓷的强度就会大幅度增加）。鲍勃的论文概要发表在当年的《建筑设计》杂志上。这样，他就被当成了一位建筑理论家—— 一位关于结构之类的建筑理论家——推了出来。

　　从1978年到1982年这随后的几年中，鲍勃在"AA"建筑联盟学院里教过第一年的预科班以及要拿证书的年级。很快，他就意识到他不会成为一位建筑师，他曾于1966年为伦敦的布伦姆利自治镇（Borough Bromley）工作过很短的时间，并于1973年为内罗毕（Nairobi）的地方政府部设计过市场。后来，他也意识到，他将不会成为一位带设计的老师。他不具备设计建筑的好眼力。他喜欢思考建筑，找出建筑的源流来。他在分析建筑上很有天分，尽管他并不喜欢沿着常规的路线去分析建筑。他总是从一丝思想的线头缓慢开始，从这个角度、那个角度靠近对象，直到对象开始显露出其特殊性的东西。这时，埃文斯就会盯上去，不懈地发掘着，要弄个明白。所有这些都需要时间。这也正是鲍勃同弗莱德·斯科特（Fred Scott）一道共同度过的诗意探索的那些年。我们能想象，从教学管理的角度看，鲍勃和弗莱德·斯科特带的设计课不会是一种成功。他们的方法靠近直觉性和探索性的试验领域，无法跟上学院时间表的进度。那时，二人的主要兴趣是人们在一起生活的方式——特别是人们生活在一起时的各种反权威方式。他们讨厌作为另外一种社会思维产物的战后住区（housing estates）。具体而言，二人研究过"多住户住宅"。他们旨在为那些"卧室兼客厅"（bedsitter）的方式提供建筑上的体现。这些研究并没有全部转化成为图纸。但是围绕这一主题，衍生出若干零散的具有穿透力且高度激发思考的文章，包括从1970年1月始登在《"AA"建筑联盟学院季刊》（AAQ or Architectural Association

Quarterly）上的《走向非等级建筑》，到1978年登在同一杂志上的《贫民窟与模范住宅》，以及登在《建筑设计》上的"人物、门与走道"。

1971年春，在《"AA"建筑联盟学院季刊》上，鲍勃发表了调子不同的文章《边沁的椭圆监狱》。一两个月后，一项关于控制与监视的详细研究被整理成为《归隐的权利与封锁的礼仪：关于墙的界定的笔记》，发表在1971年6月刊的《建筑设计》上。这里，鲍勃个人的声音首次清晰地浮现出来。而这两篇文章当然也是他1982年出版的《美德的制造：1750年到1840年间的英国监狱建筑》一书思想的早期雏形。

所有这一切都是他完成在"AA"建筑联盟学院的研究之后重返埃塞克斯的成果。在埃塞克斯大学，在里科沃特的指导下，鲍勃开始了他的博士学习生涯。他在那里一边教书一边进行着对监狱的研究。最初，他曾有些疯狂地想研究边沁和罗斯金，但被泼了冷水。他的博士论文答辩在1975年举行。同样，无论鲍勃接受了谁的仔细指导，这篇论文也都是他自己的想法。他早期教育的狭窄成了他的优势，他根本就没有受到上流社会或者学院教条的影响。他是那个世界的局外人，他也真心希望一直作一个局外人。他不得不凡事独立思考，用自己的方式做事，用自己的方式看待事物。这样，他就取得了远比人们想象的还要大的成功。他仍在摸索，有时甚至会在某处跌倒，但他会尝试着用新鲜和不同的视角去看待事物。应该提一下，他对边沁椭圆监狱的研究要先于福柯的研究。

鲍勃会阅读所有时髦理论家的东西，将之化为己用，他从来都没有屈从于他们的术语。但是，他喜欢行走于那些有成就的历史学家曾研究过的领域，在那里发掘被这些历史学家们所忽视了的那些思想以及成套的思维模式。他能用前所未有的方式去照亮事物。在他的讲座中，或是在他的文章中，那些看上去有点旁门左道的路子一次次地忽然生成一种人们全然意想不到的炫目洞见。我认为他在1990年春发表在《"AA"建筑联盟学院档案》杂志上那篇有关密斯·凡·德·罗巴塞罗那展览馆的精彩文章就是这方面的特别代表。他的其他文章、其他讲座也值得注意，因为即便他教书很勤，他总要确定他一年只教一个学期的课，这样，他就有比较充足的时间去进行思想探索和反思。这并不容易，尤其就收入而言。这些年来，他全面地对自己思想进行了一次总结，完成了一本书。对于这本书，他最早的题目叫做"建筑和它的三种几何"，亦即，二维投影、三维投影以及介于二者之间的思想。但最后他把该书的书名改为"投影之范"。这本书是在他去世的前一天才完成的。该书的前提是：对于建筑几何学的研究，不管是对凸现出来还是藏匿着的几何学研究，或许可以为建筑提供一种新的理解，一种新的建筑理论。

他以讽刺兼挖苦的方式，通过引述康拉德（Joseph Conrad）在《间谍》（Secret Agent）中对于史蒂夫（Stevie）——这么一位试图集中注意力去思考的弱智青年——的描述开始了该书："……史蒂夫端正而安静地坐在桌旁，开始画圈，一圈，一圈，又一圈；无数个圈……随着缠绕在一起的重复曲线越来越多，形式的单一以及相互交叉的线的混乱开始呈现出一幅有关宇宙混沌的图画，呈现出总想表达不可思议者的疯狂艺术常有的象征性。"

从这儿，鲍勃接着写道：

"过去就有，现在还有，很多建筑师对于几何的力量似乎有着无限的信心。他们寻找着形状和尺度，希望这些形状和尺度能够显露他们所听到的召唤的神秘，同时，又把这种神秘当作一种职业秘密甚至个人秘密锁起来。我们或许能让自己提防这种天真，然而我们也得承认，所有的建筑师时不时地都会采用史蒂夫的姿态，看上去就像他那样，陷在设计作品的奇妙想象中。采用这样的姿态时，就像我们能如此迅速把史蒂夫想象成为某种幻觉的受害者那样，建筑师们或许也很容易成为相同幻觉的受害者。有好多理由可以肯定建筑师们为何会陷进去。如果没有建筑师对几何限定的线条将通过绘图带向更加实在、更好辨析的别的东西的信心，如果没有建筑师对于写在纸上的那些能带来事物发生的讯息的信心，那就没有建筑了。人们常说，建筑常常有着比房屋更多的东西。而在这个意义上，建筑要比房屋少了很多东西。

几何是一个主题，建筑是另一个主题，但是的确存在着建筑中的几何。几何在建筑中的存在，被人们认为很像是数学在物理学中的存在那样，或是字母在单词中的存在那样。几何被认为是建筑的组成部分，不可或缺的组成部分，但是并不依赖于建筑。这样，几何要素就被想象成为类似于砖头之于一栋房子，砖头可以在别处以可靠的方式先制造出来，再被送到工地上去盖房子的。建筑师并不生产几何，他们消费几何。起码，这是任何一位纵览过建筑理论史的人都不可避免会得出的结论。好几本文艺复兴专著都以对出自欧几里得的几何形式和定义的简单总结开篇：点、线、面、三角、矩形、圆。例如，塞里欧（Sebastiano Serlio）在他的《建筑七书》之"第一书"中（1545年，英文版出版于1611年），上来就宣称，我们是'多么迫切和必然地需要几何这门最为隐秘的技艺。'没有几何，建筑师不过就是一名凿石匠（stone despoiler），他接着解释为什么他说从欧几里得花园里所采来的这些几何花朵将赋予建筑以理性。他的这个特别比喻，在我们看来，是把建筑的根源描述成为装饰。这就给人了一个印象，好像建筑在基础上就是某种意义上的附属品或是事后的附会。之所以是事后的附会，因为房屋可以并且的确在没有这种基础的状态下存在过。这里的基础，指的就是在建筑被怀疑所包围时几何所能够提供的肯定性。

　　一处基础的职责就是要像岩石那样坚固。基础应该是抵抗变化的。死的东西往往比活的东西更好对付；它们或许不会那么有趣，却不会那么难缠。从建筑师的角度看，要追求牢固性和稳定性，最好的几何就是死掉的几何，或许，或多或少，那也就是建筑所使用的几何。我所说的死掉的几何只是在几何学内部不再发展的东西。三角形、矩形、圆形，如欧几里得所定义的那样，它们作为几何学所研究的对象几乎已经被研究透了。但是，当这些元素失去了它们的神秘性，它们却在别处变得更有价值，因为它们的行为成为完全可以预料的东西。可以被用于去预见后果，那死掉的几何就成了建筑身上抵抗不确定性的'接种疫苗'（inoculation）。

　　然而，建筑师对待稳定化的几何的态度一直都是两面性的。在面向老百姓的世界时，几何出现时一般都被贴上荣耀的标签，而在建筑师行业内部，建筑师倾向于怀疑几何的力量，不认为它有什么作用。几何的价值或许就在于它的死去状态，但是如果不加控制，几何又可能复活，就像一个妖怪，或者它的死去状态会传播，就像一种疾病。

　　理想的情形是把建筑这么一门充满活力和创造力的艺术交给几何学那至死不渝的肯定性真理去支撑。这一陈述本身足以让我们三思。建筑里的几何真的就那么可靠吗？如我们将要看到的那样，我们很难一定就说出几何到底在建筑那里存在于何处。有说在这里的，有说在那里的，说法好多。要么，几何是流动的，成了生命的标志，要么，它是多样的，更加难以归类。

　　但是，关于几何作为'坚实基础'的根深蒂固的观念（entrenched idea）还受着其他同样没有支撑的定义的支持。例如，几何作为基础的看法完全符合几何学就是一种理性科学的认识，而建筑——建筑艺术——则被认为是一种适于直觉判断的事务。根据这一貌似可信的区分，几何赋予建筑一种合理性的基础，但并不仅仅将建筑局限在理性之中。这样，建筑的创造性、直觉性或是修辞性的东西就可以骑到几何理性的背上。这也是17世纪数学家兼建筑师瓜里尼（Guarino Guarini）在其简明的建筑定义中所表达的看法：'建筑学虽然基于数学，却是一门附庸性艺术。'虽然这种基础和上层建筑的区别已经建构成为大量历史建筑物中都可见的真理，不过，这一区别既不是普遍性的，也不是必然性的。塞里欧的花朵比喻认为这种建筑对几何的依靠很是普遍，瓜里尼自己的建筑通过引入一种新的不那么可测的几何，则威胁着他所宣称的建筑对几何基础的依靠。要么科学正在干涉艺术，要么很难区别科学和艺术的差别。

　　几何学曾被称为是空间的科学。出于各种原因，这一定义被抛弃了，所以，几何不再是一种显而易见的主题事务。问题来了，几何怎么就成了科学？它是关于什么的科学？有些数学家曾提出几何还有数学的其他部分应该重新分类，要么把几何学定义成为人文研究，要么是一种艺术，因为几何被认为是受到某种美感支配的。哈代（G.H.Hardy）颇具代表性地写过，'数学家就像画家或诗人，都是模式的制作者。'在过去的一个世纪里，人们同样广泛地讨论过直觉在数学中的角色。结果，许多专业数学家不仅认同对他们工作的终极判断并不仅仅在于真实，而是美感；他们还把直觉视为是各类数学家工作或是理解他们工作的基本条件。我们无须去论证这些看法。我把它们提出来，只想说它们有悖于人们对所谓几何的平常理解，却平行于人们对何谓艺术的平常理解。

任何人只要快速翻阅一下有关数学本质的最新文献就会相信，因为建筑基于几何，就给出建筑是源于科学的一门艺术的定义，从数学家的墙头看过来，几乎没有意义。从数学家那边看过来，基本没有什么界墙。从数学家的视角看，这一定义应该被改写成为：因为建筑基于几何，几何是门视觉艺术，所以建筑是门源自另外一种艺术的艺术。这一改写过的定义也要经过检验，因为我们不能确定建筑就是一门艺术，还有，我们也不能肯定几何就一定是建筑的基础，甚至几何中的美跟建筑中的美就有什么关系，但最起码，这一改写过的定义使得我们可以不再忍受仍在引导我们从建筑内部理解几何的偏见的折磨。

接下来的章节将展示几何并不总在巩固建筑，建筑中的几何也不总是在它被用到建筑的时刻上就是死掉的，虽然几何可能在之后死去；在建筑身上，过了期的几何也有可能在死掉之后再度复活。这些章节还要显示对于几何角色的感知已经极大地受到了一种集体性盲视的影响。任何人想在建筑中寻找几何的话，首先都会看建筑物的形状，然后或许会看建筑图上的形状。整体而言，这些地方都是几何在建筑中曾经傻呆呆地沉睡过的地方。但是几何却活跃在建筑和图纸之间的空间里，活跃在两者的空间里。将思维和想象、想象和绘图、绘图和建筑、建筑和我们的眼睛联系起来的，是藏在一个接一个面具背后或者藏在我们所选择的投影模式的过程背后的投射。所有这些都是不稳定的区间。现在，我要说，如果把这本书当成证据，那么，建筑跟几何的关系，那么迷人的话题，就发生在这些区间里。作为人们经常在建筑中寻找几何的地方——构成——或许仍旧可以被当成是这一话题的核心点，但是构成以自在状态或者为构成而构成的状态出现是没有意义的。构成要通过环绕它的好几类投影性的、准投影性的或是伪投影性的空间，才能获得价值，因此只有通过这些空间，构成才能被我们感知到。这就是本书的主题。"

《投影之范》肯定不仅仅是一部几何投影史。鲍勃开篇就是对文艺复兴中心式建筑理念的一场分析，这里，他既抨击了沃尔夫林（Wolfflin），也抨击了维特科尔，并在第二章里，将文艺复兴集中式建筑与片段化建筑做了对比，这里，他既抨击了科林·罗，也抨击了解构主义流派（the school of deconstructivists）。然后，鲍勃开始调查几何投影的技法，他从阿尔伯蒂、皮耶罗，甚至更为勇敢地一直谈到法国那些切石艺术家，其中鲍勃对于珀鲁斯·德蒙特克洛斯所撰写的法国石材切砌术（French Stereotomy），给出了一种重要的修正。这些又把他领向了对文艺复兴理论家们所理解的几何所藏匿的和声一次非常大胆的调查——鲍勃无所畏惧地抨击起音乐与绘画两个领域的学者，开心地谴责着他们——然后，又对勒·柯布西耶朗香教堂的隐藏几何开始了一次调查。他探寻着这一设计里那些隐含的得意与幽默。这里，毫无詹克斯（Charles Jencks）的"悲剧观"。然后，他用关于19和20世纪几何法的三个精彩章节进行收尾，并为新的思考打下了基础。在手稿上，对于这三章，鲍勃写过两个不同的版本。在第一个版本中，在快结尾的时候，鲍勃回到了康德的空间概念上。他如是总结康德：

"如果我们从我们有关身体的经验性概念中一个个地拿走里面那些（仅仅是）经验性特征的话，比如，色彩、硬软、重量甚至不可穿透性，那剩下了的只有身体（现在也彻底消失了）曾占据过的空间，空间是拿不走的。"

鲍勃接着写道：

"从这样一种思维实验中康德得出结论说，空间就是感知的前提条件。只有当我们在内心制造了一个独立于所有体验的对空间的'再现'，我们才能获得对外部世界的体验。从这一内省当中，康德还辨析到，世上有一个且只有一个空间。我们对于空间的直觉是单数的，不会接纳复数。进而，康德看到，那个唯一的空间是被欧几里得几何定理所支持的。这是我们如今很难接受的地方。如果空间被心灵制造成为一种宇宙性容器的话，那它为什么总会是保持着相同特征的同一个空间呢？那种认为每一个心灵在任何时刻都遵守着自我强加的相同法则的说法，是不是一种教条呢？在康德之后，数学几何在"非欧"几何空间和n维空间领域里的发展有没有让康德的思想作废呢？

我用过'投影性空间'一词。我们也讨论过视觉空间、触觉感应性空间（motor-tactile space）、想象性空间、社会性空间、涂绘性空间（painterly space）、建筑空间。有时，我们谈论空间的方式给人的感觉好像空间是可塑的、柔软的，另一些时候，空间则是僵硬的。斯克鲁顿（Roger Scruton）为了维系康德学说的常识部分，清除建筑理论中的虚假，认为空间概念的繁殖都是语言混乱的结果。在每一种情况中，我们所真正要说的，都只是一个大空间下的特殊部分，或是局部性理解。'建筑空间'的提法，因此，不过就是'建筑物内部的空间局部以及在建筑物之间的空间局部'的缩写而已。

斯克鲁顿认为，我们可以在建筑评论的写作中完全清除空间概念，就用'形状'一词去替代空间，但是这种替代并不总是有效。出于同样的原因，莫拉蒂（Luigi Moretti）表现大型建筑室内空间的固体石膏模型也不是总管用。'空间'一词既关乎那些可测的维度，也关乎'亲近化'（intimation）。石膏是不可能做出亲近过程的，而亲近过程也不可能被描述成为一种形式，亲近过程同样不能轻易地被指认为宇宙空间里的一个局部。此时此刻，我正在从我的窗子向外看去。外面很黑，而我房间的局部——被灯照亮的绘图桌、靠近灯的敞开的门、灯罩——它们都和一棵树交织起来，然后被一根路灯灯柱剪断，悬挂在街当中，并且看上去被放大了许多。这些熟悉的魅影，它们属于房间里的空间吗，如果这样，房间空间到底能够延伸多远？它们属于街道吗，如果属于街道，街道那里又存在着多少种空间呢？它们同时属于这二者或者都不属于，因为它们被窗子那反光的表面关了起来？我可以毫无障碍地就在这四种不同的状态下理解每一种情形，它们都不符合康德的那一个且唯一一个的空间。这里正在发生的事情就是我正在假定空间有赖于物质，而康德和斯克鲁顿假定空间不依赖于物质。这跟理论物理学毫无关系。这是一个关于我们如何选择去思考我们的体验的问题。"

写完了这些话，鲍勃有了心生怀疑的可怕一刻。这么多年来，他是否都用错了对策？他在计算机里敲下了下面一句：

"现在我已经肯定，空间听上去就是一个大写的'如果'（IF）——这是一个必须被思考的东西。真是这样吗？或许，这是有关图像的问题；而图像才是建筑学中更为重要的难题。"

鲍勃以这样一种过度用力的方式重新安慰着自己，他敲下了大写的"是"（YES）。在该书的最后版本中，他用了一幅示意图去结尾。上面标出了跟建筑有关的各种投影性传输领域——二维图像投影、三维图像投影，最为重要的，在绘图和建造之间、在绘图和建筑之间的信息传输。真正的问题是有关感知的真实的传输以及想象力。

鲍勃·埃文斯的最后这本书是一次非比寻常的绝唱，此书奠定了他作为一位拥有炫目洞察力的历史学家的地位。无人出其左右。

译后记

　　"翻译"本就是"搬运"。当然埃文斯在他的诸多文章里明确告诉我们，想把语境当成均质的网格，以为对象可以被毫发无损地搬来搬去，基本上是个幻想。那么，我想把埃文斯自己"搬运"到文字里的思想，比较完整地"搬运"进中文，算不算也是一个白日梦呢？

　　埃文斯的文章像《人物、门、通道》、《从绘图到建筑物的翻译》、《密斯·凡·德·罗似是而非的对称》自从问世以来就一直都是欧美各建筑学院课上的参考文献。我也在很久以前就读过它们，并曾将之草译成为中文。但我没有想过我会成为这本文集的汉译者，因为我觉得此书的译者最好熟悉埃文斯笔下经常出现的近现代英国建筑史，他写作的具体语境以及英国建筑联盟学院的那些思想者。

　　2009年年底，从英国"AA"建筑联盟学院留学归来的李华老师找到我，问我是否可以承接翻译《从绘图到建筑物的翻译及其他文章》的任务。我当时有些犹豫，觉得自己并不具备该有的能力和条件。此后的一年里，作为他们翻译计划的一部分，我还是开始草译起本书里的其他文章。其间遇到的疑点难点比比皆是。埃文斯的写作是黏稠的，即使母语为英语的读者也不会轻松地趟过他的文章。信息过量、过于陌生是自然的事情——谁会既熟悉5世纪的沙漠隐士圣西蒙又熟悉制订了英国住宅设计标准的帕克·莫里斯委员会呢？但是埃文斯写作的黏稠更在于他思想的强度和密度。比如下面的这段文字：

　　"根据塔夫理和海斯的看法，密斯式的反射是打破事物的一种方法；而在我看来，密斯的反射还是创造一致性的一种手段。在巴塞罗那展览馆中，这两种类型的反射都出现了。那么，哪一种反射才是更主要的呢？为了辩论起见，让我们先假定是后者占了上风。那么，塔夫理和海斯如此强烈倡导的，密斯的建筑通过肢解我们太过统一的现实图景而获得了一种批判性立场的说法还成立吗？这个说法不成立，但这并不一定就意味着这个展览馆就不具有批判性。它可能在其他方式上是批判性的。"

　　这段文字出现在《密斯·凡·德·罗似是而非的对称》的结尾处，这就是典型的埃文斯式的思辨。他总是能够在其他学者或是研究者已经走得很远的地方再推进一步或是两步。这里，他是想把密斯建筑的批判性从其他人习惯以为的建筑语言般可以直接评说社会的批判性区别开来。他跟着就指向了密斯建筑身上刻意或是不刻意的对于政治的回避，并称，这种建筑在具体时代里的让人从时事身上产生分神的能力也具有批判性。就这样，因其具有这么一种他人鲜有的洞察力，埃文斯让我们看到了密斯建筑中直接却微妙到了缄默的品质。

2010年4月，"AA"英国建筑联盟学院、东南大学和华东建筑集团股份有限公司在南京联合举办了"AS当代建筑理论论坛"。那一期论坛的主题正是埃文斯"从绘图到建筑物"研究的延伸：词语、建筑物、图。会上，阿德里安·福蒂、马克·卡森斯、朱剑飞等学者都就埃文斯的视角、方法、学术历程做了精彩的介绍和阐述。其他老师也讲述了他们自己跟绘图有关的研究成果。这些讨论无疑使我对埃文斯的思想脉络有了一些可参照的认识。

此后，我认真研读了《投影之范》，这才觉得总算对埃文斯的研究方向有了大致的认识。我也不禁感慨，此前在建筑研究领域里不乏学者研究过建筑绘图，比如，科斯托夫（Spiro Kostof），研究过建筑绘图的方式，但是从来没有人像埃文斯这样把我们带入绘图和建造、不同人的想象力与理解力、绘图与意识和社会的关系中去，往复地研究思想、操作和话语之间的互动。

译稿出来之后，校对工作又拖了一年。我之所以做得这么缓慢，大抵不想让埃文斯原文中的睿智、犀利、幽默甚至揶揄在我的"搬运"中消耗太多。承认每一次"搬运"所必定会产生的漂移并不等于搬运者可以有借口懈怠。这是"搬运者"的责任。我不满足于送达，而是希望被"搬运"的文字里仍然带着某种原著里的心跳，特别是语气。当我在文字里听到埃文斯坐在窗前望向街上投影的叹息时，我也希望本书的中文读者也能够从字里行间感受到埃文斯写作时的情绪。我不太肯定我的劳动是否达到了我的这一要求，因为真正的验证人将是读者您。

最后，感谢此书的两位责任编辑戚琳琳与李婧的护送，才能让此书终于抵达它的读者。

译者　刘东洋
2012年仲夏

著作权合同登记图字：01-2017-7249号

图书在版编目（CIP）数据

从绘图到建筑物的翻译及其他文章／（英）罗宾·埃文斯著；刘东洋译.—北京：中国建筑工业出版社，2017.12（2020.9重印）
（AS当代建筑理论论坛系列读本）
ISBN 978-7-112-21471-6

Ⅰ.①从… Ⅱ.①罗… ②刘… Ⅲ.①建筑学－文集 Ⅳ.①TU-53

中国版本图书馆CIP数据核字（2017）第265738号

责任编辑：戚琳琳　李　婧
责任校对：李美娜　张　颖
封面设计：邵星宇
版式设计：刘筱丹

AS当代建筑理论论坛系列读本
从绘图到建筑物的翻译及其他文章
[英]罗宾·埃文斯　著
　　　刘东洋　译
＊
中国建筑工业出版社出版、发行（北京海淀三里河路9号）
各地新华书店、建筑书店经销
北京锋尚制版有限公司制版
北京市密东印刷有限公司印刷
＊
开本：850×1168毫米　1/16　印张：14¼　字数：262千字
2018年1月第一版　2020年9月第二次印刷
定价：55.00元
ISBN 978 - 7 - 112 - 21471 - 6
（31007）